3秒膠說話術

說話術

瞬間修補評價、
拉近距離，
提高你的職場能見度

渡瀨 謙——著　　吳偉華——訳

Contents

Contents

前言

你想得到
更高的評價嗎？

もっとまわりからの評価を高めたい人へ

「為什麼我工作那麼認真，別人對我的評價還是那麼低？」

「另一個傢伙怎麼看就是很愛摸魚，為什麼他的主管還那麼喜歡他？」

「我覺得公司對我並沒有太高的期望⋯⋯」

不管多麼希望自己被認同，但同事在主管眼中就是比較得人疼！明明自己非常認真的工作，表現也很不錯，但就是無法感受到主管的認同。

如果你有以上症狀無須擔憂！**本書將教你利用「3 秒膠說話術」來解決困擾，進而改變他人對你的評價。**

首先，上述的不滿和疑惑，實際上是如何發生的？

在此請先想像一下，某個辦公室裡有這樣的情景：

早上 8 點 55 分，已到職四年的高橋一如往常的走進辦公室。公司的上班時間是 9 點開始，當高橋走進辦公室時，大家幾乎都已坐定準備開始工作。在開始工作之前，有人在辦公室裡閒聊，也有人在講電話，當然也有人喝著咖啡，每個人都很珍惜還沒開始上班前的短暫時光。

打卡機就在門邊，高橋打卡後默默地走向自己的座位。等待電腦開機的同時，他不發一語地對著電腦螢幕發呆——這是他一直以來的模式。之後，他確認了今天的行程，準備出門拜訪客戶。

高橋是一名業務，每天拜訪客戶拿訂單是他的工作。

「喂，高橋！高橋在嗎？」過了一會兒，從主管的房間傳來大聲呼叫高橋的聲音。

「剛剛他還在欸。」坐在高橋旁邊的同事回答。

「白板上寫著他要去拜訪客戶，好像已經出門了！」其他同事說道。

「真是的，他怎麼老是自作主張？！」高橋的主管對著高橋空蕩蕩的座位發牢騷，口氣很明顯地不耐。

過了中午，高橋總算回到公司。一如往常，他依舊不發一語地回到自己的座位。

在這裡，我要先為高橋平反一下。他絕對不是差勁的業務員，相反的，業績還不錯呢。只是因為個性內向，他話不多、也不常和旁人說話，是喜歡默默做事的人。

「高橋，你過來！」一看到高橋回來，主管馬上帶著怒氣叫住他。

「你到底在幹嘛？我不是跟你說有份資料今天早上前要給我嗎？怎麼就這樣出門了，也不交待一聲？托你

的福，我早上的工作完全沒有進展！」

「資料我昨天晚上就 Mail 給您了。另外，出門拜訪客戶也寫在白板上了。」

「你說什麼？」

主管確認後，才發現真的有高橋寄來的郵件。

「真是這樣的話，你難道不會交待一聲嗎？真是的……」

在這個情況下，主管心裡是這麼想的：

「為什麼高橋總是這樣？業績不差，也很認真工作，但就是無法安心地把事情交給他。說實在的，個性真是有點難搞！」

另一方面，高橋心中也有埋怨：

「為什麼沒有先確認過就發脾氣？我可是已經把事情做好給他了！今天還很辛苦地拿了張大單回來，連一句讚美都沒有。又沒有做錯什麼，老是對我亂生氣，我也實在很不爽！難不成主管看我不順眼，故意要找

我麻煩嗎？」

其實像這類主管與下屬間的溝通不良，很容易會對彼此不滿。**實際上在工作場合中，這是很常見的事。**

我們也無法評論到底是哪一邊不對。主管有錯，但屬下也不見得都對。不管怎麼說，如果這樣的狀態一直持續下去，主管對下屬**的評價永遠不會變好。**不但會影響自己對工作的熱忱，也很容易累積壓力。最後說不定連公司也待不下去，就只有離職一途了。這是個很嚴重的問題。

為了解決這樣的問題，本書想介紹給大家的方式，就是「**3 秒膠說話術**」──這是為了提升溝通能力必須培養的習慣。

透過「3 秒膠說話術」可得到以下三個好處：

① 可以將自己的感覺與想法正確地傳達給對方

② 可以互相疏通彼此的想法

③ 可以破除與對方之間溝通的屏障

當然，提升溝通能力還有很多方式，只是「3 秒膠說話術」這個方式有個很大的特點，那就是**只需要 3 秒鐘、只需要一句話**就可以得到效果。

因此即使是自認口拙的人，也很容易就能做到。不用背誦冗長的台詞，也不需要很難的技巧，而且真的只要 3 秒就能完成（真的只需要說句話）！最重要的是，任何人都可以做得到！

並且「3 秒膠說話術」將帶來戲劇性的改變。一點也不誇張！只要你開口，**對方的態度就會產生 180 度的轉變**。

即使是過去始終不被主管賞識的人，透過「3 秒膠說話術」也能帶來很大的轉變。不但可能讓主管願意把重要的專案託付給你，還有可能會升官、加薪！

當然，我並不是說這個方法對所有人都肯定有效。但只要你本身具備一些實力，有效利用「3 秒膠招呼術」，**將能避免自己的能力因為溝通問題而被埋沒**。

此外，消除了溝通不足所產生的誤解以及不信任感，職場環境也會變得比較舒服自在。更重要的是，再也不會有人在背後說你是個「讓人不知道心裡在想什麼

的人」了！

本書後半部會有一些實例介紹，稍早出現的人物高橋會再度登場，透過他來展現實行「3秒膠説話術」後，將帶來什麼不同的效果。

那麼，具體來説該如何實行「3秒膠説話術」呢？該不會要背很多不同的説詞吧？也許有些人會有這樣的疑慮，但這樣的擔心是多餘的。

「3秒膠説話術」只需要把握以下6個大方向，適時地使用日常打招呼的用語就夠了：

① 日常問候
② 關心問候
③ 感激語
④ 報告・連絡・商量
⑤ 發現與觀察
⑥ 稱讚語

只因為少了某些招呼語，就使對方誤解，導致自己的能力無法得到正確的評價，這樣實在是太可惜了！

但倒也不必用窮盡心力來改變自己，**只需要利用「3 秒膠說話術」，花 3 秒鐘來打聲招呼就夠啦！**

真的只要這樣就夠了。這絕對不是件困難的事，任何人，不管在任何時間、任何地點，都可以使用。

透過「3 秒膠說話術」，既能解決工作上的問題以及心中的不滿，還能化解人際關係方面的問題。還請各位好好活用「3 秒膠說話術」，好好的培養打招呼的好習慣吧！

chapter｜01

為什麼我總是被看衰？

なぜ、あなたは " 正当な " 評価をされないのか

▎為何我的努力與他人對我的評價沒有成正比？▎

「明明我覺得自己超努力的，但為什麼大家對我的評價會那麼低啊？」

明明很認真地處理每一件事，但不論是主管或同事，

對自己都沒有很高的評價。對於這種狀況，你是否心有戚戚焉呢？

成為社會新鮮人、進入公司後，經常會遇到自己覺得沒道理或無法認同的事。即使希望自己得到更多認同，但努力卻往往和評價成反比……

在工作上沒有絲毫怠惰、工作態度認真，最後卻只得到低評價時，就很容易產生不滿或壓力。

但為什麼會這樣呢？

原因之一在於，工作並不像考試能以明確的分數來評定。某種程度上來說，如果能透過分數來衡量，或許還比較容易讓人接受吧！偏偏現實生活並不是這樣運作的。

如果只因為主管不太明確的評價，薪水就隨之上下調整，甚至升遷也跟著受影響時，下屬就很容易心生不滿。

只要是由「人」來做判斷，總是會有一些看不見的差異產生，也難免會出現令人無法認同的結果。

但光是抱怨「主管沒眼光」或「主管都只看到某人」，也沒辦法改變現況──你自己心裡應該很清楚。

難道沒有任何方法可以改變這樣的處境嗎？

明明很認真地工作，但不知道為什麼就是得不到主管的賞識……

本書就是想告訴你，如何透過一些**小小的動作（3秒膠說話術）**來逆轉別人對你的評價。

但在此之前，必須先了解到底為什麼會有今日的處境。雖然也有可能真的是主管太沒有眼光了，但自我反省仍舊是很重要的一件事！

如果反省後，發現問題確實不是出在自己身上，那就真的是主管沒眼光啦！

因此，在本章我們要先討論的是，別人之所以沒有給自己「合理的」評價，問題到底出在哪裡？有了初步的理解後，再繼續往下探討要如何解決這樣的問題──你不受旁人賞識的理由是什麼？

▋ 小心以下 8 個危險信號 ▋

即使很想把事情做好，但總是在沒注意到的地方犯錯……這樣的事應該很常見吧？

其實人與人間的關係也是一樣。雖然認為自己做得很好，但不知道為什麼事實上就是犯了錯。如果這樣的狀況頻繁地發生，就該注意一下了。以下列舉一些較具代表性的症狀，先來檢視一下自己有沒有這樣的症狀吧！

┃／不曾被委以重任

雖然想做一些大型案件或與重要的客戶一起工作，也有自信能做好；但不知道為什麼，這樣的工作老是落在別人身上，輪到自己頭上的都是一些小事、任誰都可以做的事。當然，做過一些大案子的人，他們的評價也跟著水漲船高……

其實過去我也曾因為這樣的狀況煩惱不已。每天看同事很驕傲地報告自己的業績，反觀自己總是在做一些芝麻小事。當時心裡總是想，如果由我

負責那樣的客戶，應該也不會輸給他才是！然後總是在心裡怨恨不願意把工作交給自己處理的主管。

你有這種症狀嗎？

2／跟同期進入公司的同事相比，自己的評價比較低

能力差不多，認真說起來自己還比較好吧。但為什麼同事在公司內部的評等就是比我好呢？工作上我也很認真，而且從不遲到早退，評價比我高的同事反而還比較會摸魚呢……

偏偏公司內部評等會影響年終獎金的數字，同事因此硬是比我多了幾萬元，實在令人無法接受！真的很不公平！

你是否有這樣的經驗呢？

3／主管不曾主動約吃飯喝酒

雖然自己也不是很想去，但如果主管都不約自己

去吃飯，心裡還是會有點落寞。跟我同期的同事就常常被主管約去吃飯喝酒，喝完酒的隔天還會延續前一天的快樂氣氛，看在眼裡實在有點不是滋味。聽說前幾天同事還和主管一起去釣魚呢！

唉，雖然自己也不是很想浪費珍貴的假期去陪主管，但同樣是下屬，主管偶爾也該約我一下吧！怎麼想都不是滋味。

我自己本身其實就是這樣的人。各位是嗎？

4／不被下屬或晚輩依賴

「有什麼問題都可以來找我！」自己總是跟下屬或晚輩這麼叮嚀，但實際上，卻很少有人來找我商量。

不來找我是因為都沒什麼問題嗎？好像也不是，因為偶爾他們還是會出錯。當他們出錯時，我心裡總是會默默地想：「你們早點來找我也許就不會犯錯了」。

但下屬與晚輩都會去找我同期的同事，而且不只

是工作上的事，連戀愛上的煩惱也會跟他商量，有時候甚至談得不亦樂乎。說實在的，自己心裡是有點小小的妒忌。

其實不跟我討論戀愛的煩惱那類私事倒也無所謂，但即使只商量一般的事務也好，如果有人願意來找我，我會很開心的！唉，難道我看起來就是那麼不可靠嗎？

你也有這種煩惱嗎？

5／中午沒有人邀約吃飯

午休時間，大家都相約出去吃飯，就是沒有人來約我。當然，剛進公司時是有人來約我吃飯，但最近自己吃飯的次數愈來愈多了。

說實話，我是比較喜歡自己吃飯，比跟大家一起用餐輕鬆多了。但沒有和大夥一起行動，心裡還是覺得怪怪的。因為沒有和大家一起吃飯，也不知道他們熱烈討論的話題是在講些什麼，完全插不上話。

本來應該放鬆的午休時間，卻變得坐立難安，真的很討厭！

你覺得呢？

6／與周遭的人對話愈來愈少

來公司就是要工作的，當然不能一直聊天。偷懶閒聊的人，對我來說就是一群白領薪水的米蟲。所以，只要自己有把工作做好那就夠了。

但我發現自己最近與周圍的人愈來愈少對話了。即使開口，談的也是公事，不會多說其他的話。曾經有一整天都沒有跟隔壁同事說話的經驗。說老實話，自己已經有種格格不入的感覺。

這說的是你嗎？

7／常被人說不討喜

曾經被別人說「不討喜」，自己也嚇了一跳。但只因為這樣就要輕浮地去討他人的歡心，這事我

也沒想過。

我不否認自己就是這種不討喜的人。我不想做些諂媚的事去取悅別人，更不想用這種方式往上爬。公司本來就不是交友俱樂部，只要好好做好自己的工作就好了。

你是這麼想的嗎？

8／每份工作都做不久

進入公司之後，只要工作不如己意就想離職。一直認為自己想做的事應該在其他地方，但即使向主管提出，也是馬上就被否決了。

自己總是不得主管的緣，就算轉職到其他公司，還是會有同樣的不滿吧。結果就是自己不斷地換工作。

這是你的處境嗎？

各位覺得如何呢？有沒有哪幾點剛好說中你的心事呢？也許有些各位會覺得看起來沒什麼，但上述症狀

其實都是因為溝通不足而引起的。

如果就這樣放任不管，情況只會更糟。最後會變成怎麼樣呢？還請繼續看下去。

你有哪些症狀呢？	
不曾被委以重任	跟同期進入公司的同事相比 自己的評價較低
主管不曾主動約吃飯喝酒	不被下屬或晚輩依賴
與周圍的人對話愈來愈少	常被人說不討喜
中午沒有人邀約吃飯	每份工作都做不久

▌ 再這樣下去會一輩子吃虧 ▌

雖然心裡覺得把工作做好就夠了，但其實也想好好和主管與同事相處、也想從他們那裡得到好的評價，可是往往事與願違……

如果你光是「想」，卻不實際做點什麼來彌補，那是件非常可怕的事。

不被他人認可，就表示自己在他們心中的評價並不好。

想當然爾，即使你想升職也不可能如願。不只如此，在公司內的地位將每況愈下，說不定會被趕到冷門的單位，最後等著你的就是裁員了。

或許你已經發現，**在公司裡光業績好並不能代表一切。即使你的能力再強，公司畢竟是個不能容忍強烈個人主義的地方。**

在你周圍是否有這樣的人？是一流的業務人才，業績屬一屬二，卻因為太過自我而被趕出公司。雖然他的確很優秀，但這樣優秀的人如果被放在主管的位置，並無法好好的培育部下。結果就是，他們永遠只會停留在業務主任[1]的位置，再也升不上去。

「為什麼沒有人了解我？」

「為什麼主管那麼沒有眼光？」

「像這種公司，乾脆辭職算了！」

但繼續抱持這樣的想法真的好嗎？說不定你正不斷地重覆經歷同樣的事。

也許你認為下個機會會更好，然後轉職到其他地方，

最後還是因為「為什麼沒有人賞識我？」而絕望離職。換來的是薪水越來越低，年紀越來越大……

接下來我要說的話，聽在各位的耳裡或許不是滋味：我覺得，問題出在你自己身上。

如果不改變，你的人生應該就是不斷重覆這樣的事。對你來說，在經濟上與精神上都只是持續處於吃虧的狀態。

但現在你可以放心了！越是這樣的人，只要利用「3秒膠說話術」，就越能發揮絕大的效果。

▌ 3秒膠說話術能解決所有問題 ▌

讓我與各位分享一下我個人的經驗。我從小其實就是個性相當內向的小孩，事實上現在也沒有太大的改變。

小學的時候，由於不太會與人溝通，所以總是自己一個人。進入社會開始工作後，人際之間的相處也常讓我心力交瘁。即使是與大家在同一間辦公室裡工作，或是和一群人共同合作專案，對我來說，都還是像自

己一個人默默地工作。

我之前曾在 RECRUIT² 擔任業務工作，那時的我也和前述故事的主人翁高橋一樣，每天進公司後先在座位上準備一些事情，然後很快地出門拜訪客戶。到了下午，回到公司後繼續回到座位上整理資料，接著就回家了。日復一日，都是如此。

在這期間當然也有做些相關的報告，所以並不是完全沒有和人接觸。但每次大家開心閒聊時，我基本上都是自己一個人，不太會和大家一起聊天。

「公司不是來聊天的地方，是工作的地方！」

即使如此堅信自己的想法，但偶爾看到同事們開心閒聊的模樣，有時候還是會感到寂寞。

在這樣的狀況下，某個時期開始，我的周遭出現了一個很大的轉變。

我和大家在一起，或是和大家共同做某件事時，已經少了以前那種格格不入的感覺。老覺得自己一個人的那種疏離感也不見了。

當時不管是客戶或同事都非常信任我，主管也會交辦一些大的專案給我。

最後，我在 RECRUIT 這樣的大公司中，獲得全國業績達成率第一名。各位應該都知道，這樣的大公司其實有許多很會交際、非常優秀的業務員。在競爭如此激烈的情況下，我打敗了他們，這讓我覺得非常驚訝。

我並沒有在一夕之間性格大變，仍舊是個沉默寡言的人。

但我之所以能打敗一群優秀的業務員，登上事業的高峰，其實有個很大的理由。

這是因為我認真地實踐「3 秒膠說話術」。口拙的我本來在人前就無法暢所欲言。坦白說，如果可以暢所欲言，也就不會那麼辛苦了吧。

但如果只是多加一、兩句話，對我來說倒也不是太困難的事。

簡單來說，「3 秒膠說話術」其實並不需要你說得太多，不用太大聲，也不用太多手勢。在我身上發揮極大效果的「3 秒膠說話術」，其實也就是花個 3 秒鐘打聲招

呼而已，但這樣就能讓溝通變得圓滑。

在此我也要強調一點，打招呼的內容並不是大家以往完全沒聽過的，也絕非是讓大家都聽不懂的話。而是大家耳熟能詳，在日常生活會話中就已經在使用的那些話語。

我曾經非常仔細地觀察那些天生就很會與人交際的人，發現他們都是**非常理所當然地**使用這些招呼語。

但過去的我根本就是個不善交際的人，完全不曾使用這類說話方式。即使用了，也沒有用在正確的地方。但只要你學會如何**利用 3 秒鐘打聲招呼，就會變成你身上最強而有力的武器**。因為過去不曾使用這樣的方法，一旦你開始使用，更可以直接感受到這種方式的威力。

將簡單的招呼加入平常的對話，對方看自己的方式也會有 180 度的改變。就像是一碗難喝的湯加入一點高湯之後，突然變得好喝的感覺。加入高湯的這個方式，也許對很多人來說是理所當然的，但不得其法的人其實也不在少數。

就像過去的我，還是有人不知道利用 3 秒鐘打聲招呼

這個習慣的重要性。各位如果對如何「打招呼」的具體實例有興趣，直接先讀第三章之後的內容也無妨。

溝通就像是一個齒輪，如果一直以來都是卡住的，從現在開始實踐的話，就等於是把**齒輪放回它原本應該要在的位置，這麼一來就可以繼續轉動了！**

3 秒膠說話術只需要你在適當時機打個簡單的招呼而已，不是什麼特別新鮮的技巧。但不論是工作或人際關係，所有的問題都會迎刃而解。

這其實是職場人際中不可或缺的能力。接下來要介紹究竟什麼才是正確的打招呼方式。

▋ 戲劇性改變他人對自己評價的 3 秒膠說話術 ▋

其實，在前言就已經提到「打招呼」這個關鍵字了，在此要簡單地再次定義這三個字。

所謂的打招呼，是為了提升溝通能力所需培養的習慣。

打招呼能帶來以下三個好處：

① 可以將自己的感覺與想法正確的傳達給對方

② 可以互相疏通彼此的想法

③ 可以破除雙方之間溝通的屏障

我其實並不討厭那種存在於時代劇中的上下關係——彼此互相不需要講太多就可以傳達彼此的心意。在他們之間有一種默契，合作時有種莫名契合的感覺。

的確，有這樣的關係我覺得非常地好。

但是，如果你試著把這樣的關係拿到現在一般公司來，一定會失敗。

自己心裡覺得這麼做比較好，默默做完之後，就是會出現一些錯誤。

有時候認為是為主管著想，先幫他把事情處理完了，卻被認為是多管閒事。

明明是為了幫助主管，卻反而讓他對自己的印象變差，甚至到最後變成多做多錯，吃力不討好；於是決定乾脆都不要做了。

為什麼工作老是那麼不順利呢？

要到達小說裡出現的那種心意相通的上下關係，那樣的境界其實是經年累月的累積，互相磨合熟悉彼此的個性與做事方式，才有辦法不需要講太多就可以知道對方的心意。當然，在達到這種關係之前，我相信一定也經歷過很多次的失敗與誤解吧！

相較之下，期待完全不熟悉的兩人達到這種理想關係，怎麼想也知道不可能。

在同一個職場上工作的人，由於來自各個不同生活環境，每個人也都有不一樣的個性，所以在相處上多少都會產生摩擦。而「打招呼」其實就是扮演軟化這些摩擦的角色。

只需要花 3 秒打聲招呼，與周圍的人的關係就會變得圓滑互諒，就像是大家從小和你一起長大一樣。也許這樣形容是有點太誇張，但是我想強調的是，這個習慣可以戲劇性地改變以及幫助你縮短與對方之間的隔閡。

我其實也很希望自己不需要開口，別人就可以懂。但是一直期待這種不會發生的事也不是辦法。

所以，如果只需要花 3 秒打聲招呼，就得以達到一個理想的溝通境界，應該所有人都會選擇這樣的一條捷徑吧！

▌ 一口氣改善不善溝通的毛病 ▌

———

有些人因為學歷高，自尊心也比較強，不太主動跟人攀談，我相信各位周遭這樣的人應該不少。

在這裡我舉一個前下屬的例子跟大家分享。

他進來公司的時候，外表看起來就是個很會讀書的人，事實上，他的學歷也的確很高。

不過，他在工作上有個罩門，那就是總喜歡獨自一人抱著工作埋頭猛做，不輕易拜託別人幫忙。雖然說他本來能力就很強，但是不管能力再怎麼強，事情要是多到他無法負荷的狀況時，他也只能每天都加班到很晚才能下班。

更因為如此，即使同事或身為主管的我想要邀他去喝一杯，也很難開口。因為他全身上下就是散發出一種

我想要認真工作，任何人都不要來打擾我的氛圍。

然而，事情就在與他同期進公司的某位女同事比他早一步升職的同時，出現了改變。

本來，他認為自己應該是同期同事中最早可以升官的人。平常面無表情的他，面對同期同事比他還早升官的事實，臉上還是難掩心中的訝異與失望。

後來，我邀他一起去喝酒。黃湯下肚之後，他把自己心中的想法與不滿通通説了出來：抱怨自己空有能力，卻沒有受到賞識。

在那個當下，我教了他「打招呼」的方法。

剛開始他也質疑，光用這種方式真的會有效果嗎？但是在我強力的推薦下，他也決定姑且一試。

結果，這一口氣改變了他與周圍的人之間溝通不足的問題，與同事之間的互動也變得更為融洽。原本他的能力就很強，再加上活用我教他的方式，已經變成公司不可或缺的人材了。

在我離開公司之後，聽説他也變成同期之中最快晉升

為課長的人。

「打招呼」就像最後一塊拼圖。

拼圖就是要把每一塊拼圖全都拼起來,才能算完整。即使快要完成了,只要少了一塊,不完整就是不完整。而溝通的最後一塊拼圖,就是「打招呼」。

▌ 什麼都會做的人不一定優秀 ▌

公司裡總有一些有能力卻沒毅力的人。不管是什麼事,他們做來都可以達到標準,但到某個程度他們就不願意再繼續努力了,很容易放棄。也可以說,他們其實很容易滿足於現狀。

他們習慣自己決定好做事的方法之後就行動,幾乎不會找主管詢問或商量。表面上看起來好像是不需要別人幫忙就可以獨立行動的人。當然,當事人也是這麼認為。

他們個性上不依靠別人,什麼都靠自己解決。而這種人也有很強的自尊心,誤認為請教別人是性格不夠成

熟的人才會做的事。

但事實上，這樣的人對主管來說，並不是不需要出手幫忙的好下屬，反而是個性一點都不討喜的。對主管而言，會尋求協助的下屬反而比較討人喜歡。

不只如此，那些有能力卻沒有毅力的人，剛開始起步時可以跑得很快，但最後往往都會因為沒有調整自己的腳步而失速。再加上他們都有自己獨特的堅持，到最後總是會在某個地方進入死胡同。

但是，對於這一類人，誰也不願意出手幫忙。

因為他們平常給大家的感覺就是：「他喜歡自己獨立作業，就讓他自己去做吧！」

由於不會有人出手幫忙，導致他們變得更加固執，更不願意主動開口求助。

到後來會變成怎樣，相信大家都可以想像得到。這些人不但會一直煩惱自己的業績停滯不前，主管與周圍的同事也會開始孤立他們。

反觀有些人雖然做事比較不靈光，但一有不懂的地方

就會去請教主管。像這樣的人，才是確實地逐步累積
實力、打穩基礎的人。

再加上他們會去尋求周圍的人的幫助，即使能力不足，
但靠著別人的幫助也可以做出不差的成績。在公司內
部的人緣很好，身邊總是聚集很多同事。

嚴格來說，前者和後者相較之下，也許工作能力勝過
後者，但身為一個社會人，前者的能力很明顯落後後
者一大截。

比起個人的優秀成果，一間公司更看重的是公司整體
努力的結果。如果公司光靠一個人的能力來經營，萬
一那個人離職了，經營就很容易會出現危機。

就連聚集很多優秀人材的蘋果（Apple），已故創辦人
賈伯斯（Steve Jobs）也曾說：「工作是團體運動」。

公司內最被看重的人才，並不是花一整天獨自埋首工
作的人，而是能把所有人都拉進來一起工作，然後短
時間內就做出成果的人。

**依靠別人絕對不是件壞事。與主管商量或尋求同事幫
忙，他們絕對是很樂意的。多多依賴他們是好的，盡**

可能的向他們開口吧！

為了能更輕易地向他們開口，就必須請各位學習 3 秒膠説話術，好好的打聲招呼！

▌ 主管其實一直在等下屬來打招呼 ▌

我在成為顧問前，其實是一家設計創作的公司的經營者。剛開始員工只有兩、三個人，後來人愈來愈多，最多的時候有１０名員工。

我白認是個很好的主管，但現在回頭來看，當時的我並沒有受到太多員工的愛戴。的確，我的個性看起來就不是那麼友善，他們很難親近我也不是沒有道理的。

但即使是這樣的我，**只要有下屬來找我講話，我就會很開心。**

「早安，今天也好熱啊！」

「先前的那件事，請問對方是否已經有回覆了？」

「不好意思打擾了，我有些事情想要請教，不曉
得您現在方不方便？」

不管是早上的問候或工作的內容等，只要下屬來找我，
我就會很開心。

對主管來說，他們很注重辦公室的工作氣氛。

認真工作當然很重要，但是辦公室裡的大家有沒有開
心的工作，其實作為主管的人還是很在意的。

如果大家都不講話，一味地認真工作，不但氣氛會很
沉悶，有些人說不定還會覺得很痛苦。雖是這麼說，
但身為主管的我其實也屬於沉默的人，不太會直接去
找誰說話。再加上自己主管的身份，如果找人講話，
說不定對對方來說也造成很沉重的負擔。

其實我心裡也很想跟每個人說話，但卻僅止於在心裡
想。因為我畢竟也是人，如果對方很健談，我也害怕
自己被吸引後，變成一個偏心的主管，只偏袒健談的
人。

在這樣的狀況下，如果下屬能主動展開一些行動，其
實再好也不過了。不管是什麼事，我都會很感激，也

會覺得開心。

在我的經驗中，從來不曾發生下屬來找我講話卻令人感到不愉快的經歷。

我相信，不管什麼樣的主管都是一樣的。

即使只是單純的問候、簡單的問題、報告自己的錯誤，或戀愛的煩惱諮詢等，除非是來的時間不對，否則主管都是很開心的。

特別在年輕的時候，不懂的事應該很多，獨自在那裡煩惱該怎麼辦才好，其實很浪費時間。若自己隨意判斷後行動，有可能會給周圍的人帶來困擾，也會讓主管感到不安。

也許你想的是：「問一些太細節的問題，不知道主管會不會覺得很煩？」

但不管主管怎麼想，那也是你該做的事。因為對主管來說，也許會心煩，但也因為你的確認，他才能化解對你的不安，這是最重要的。

「這個人一遇到不懂的事就會馬上確認，所以我才能

安心把事情交給他啊！」

就是這樣的心情！

所有的主管都一樣，他們在乎的是事情有沒有朝著正確的方向前進。

如果主管心裡想的是：「事情交給他做，真的沒問題嗎？雖然想確認一下，但如果問得太多，說不定他會不開心。算了，我還是再等一下吧！」

此時，如果下屬能主動告訴主管：「目前進行到這個階段了，您覺得這樣還可以嗎？」我相信主管一定會有一種得救的心情，而且也會更加信任這個下屬。

其實在上位者是很孤獨的。

不能讓部屬看到自己不安的一面，總是一副很有威嚴的模樣。所以即使你去報告，主管也不見得會給你好臉色看。

但這也沒關係。你的行動對主管來說能減少他心裡的不安，即使臉上沒表現出來，我相信他在心中已經對你留下好印象了。

至於如何與主管「打招呼」，之後再慢慢介紹。

▋ 他人受到賞識最主要的理由 ▋

本書主要是利用「打招呼」的方式，來彌補與他人溝通的不足。只要利用這個簡單的方法，就能解決溝通不足所導致的問題與不安，並且這方法又是每個人都能學會的。

請各位想像一下，一直以來不夠圓融的人際關係逐漸好轉，過去和自己無話可說的主管，現在願意認同自己，交付重要的專案了；過去總是看不起自己的下屬，也開始畢恭畢敬了。

這本書的主旨，就是讓讀者們都能實現以上的願望。

理論上來說，到公司上班最主要就是工作，為了達到這個目的，只要認真工作就好，本來就沒必要和其他人套什麼交情。

但如果是公司**要集體向前並進**的話，這樣的理論就不見得行得通了。

此時派上用場的就是情感。

每個人都有自己的情感價值判斷，影響了人與人之間的關係。

當然，理論上應該要把工作與情感分開才對，但往往不太容易，大家應該也都能理解這樣的狀況吧。

「這個工作要交給誰好呢？」

當某天主管在進行判斷時，眼前有兩個能力相當的人可以選擇。

甲是個可以信賴的人，但乙有時會讓人不安。

現實情況而言，這類無法以數字來表示的情感，往往就是判斷工作花落誰家的標準。如果乙一直都讓主管覺得不安，當然不會把大工作交給他，往後一定也是如此。

我們來看一下，為什麼乙會讓主管感到不安。

乙是個對工作要求甚高的人。總是會把事情做到自己覺得沒問題了，才會把結果跟主管報告。當然這樣的

做事方式沒有不對，但有時工作在進行時，往往會出現一些錯誤。

身為乙的主管，如果把事情交付給乙時，在過程中總是無法確認、每次看到的都是最終的結果，就會忍不住擔心事情會不會出錯。

並且如果最後出現錯誤，乙還會抱怨是主管的不對：「我是按照主管的指示做事，我並沒有錯。是主管的說明有問題！」

因此，如果要拜託乙做事，主管的說明必須要非常明確才行。此處其實就是主管要拜託下屬做事時的習慣問題。

我們先來看看，當主管要把工作交付給下屬時，是一種什麼樣的心情。

「雖然資料還沒有收集完全，還需要一些時間；再加上有些部份是尚未執行，還不知道結果的，那不如大致決定某個方向，讓下屬先去執行，中途再一邊確認一邊指示，最後或許可以節省完成的時間吧。」

雖然貴為主管，但主管事實上並不是一直都能完全了

解工作的內容。

如果從工作效率這方面來考量，雖有只有準備七成的材料，但若是能邊執行、邊準備，對主管來說也是件好事。

如果是甲，就會頻繁地在過程中向主管報告並確認。即使在工作中需要仰賴主管的協助，但是對主管來説，甲卻是個讓人覺得安心、可以信賴的人。

各位覺得如何呢？

如果你是主管，你應該很清楚到底該選擇甲還是乙來負責重要的工作吧！

這一切跟主管喜不喜歡甲沒有關係。主管會把工作交付給誰，其判斷標準如下：

- 工作的正確性（是否能夠正確完成工作）
- 好不好配合（是否會聽令指示）
- 信賴度（工作交付給他是否能安心）
- 做事的態度（平常工作的方式）

其實判斷標準就是這些無法用數字來標準化衡量的條件。

主管交付工作的判斷標準	
較重視	較不重視
工作的正確性（是否能正確的完成工作）	
好不好配合（是否會聽令指示）	能力
信賴度（工作交付給他是否能安心）	
做事的態度（平常工作的方式）	

那麼，主管究竟是以下屬的哪些地方來做評斷呢？

其實就是平常與下屬互動時所累積的經驗。

也就是說，主管會下意識的觀察下屬平常做事情的方式以及與其他人的互動，來判斷這個人是否能讓人心安。

然而，「打聲招呼」並不單純是傳達字面上的意思而已，也會影響潛意識的部份。

因此我們可以說，讓主管有點擔心的乙，他所缺少的

就是「打招呼」這個習慣。

接下來針對具體的內容進行解説。我相信各位平常也有自己常用的一些「打招呼」方式，説穿了，都是一些很簡單的內容。

雖然簡單，但請各位不要小看這些話。即使是同樣的一句話，使用方式不同，所產生的效果也會大大的不同。相反的，如果用錯地方反而會產生反效果。

雖然看似很多人都在實踐這個方式，但説實在的，能了解其精髓的人其實不多。

所以，**如果各位能看懂這個訣竅，就很容易與其他人分出高下。**

下一章，會跟各位解釋什麼樣的方式可稱為「打招呼」。

註釋 1 ｜ 帶領新手業務員的職階。
註釋 2 ｜ 日本大型人力公司，類似台灣的 104 或 1111 等人力仲介公司。

chapter|02

逆轉評價的
10 個打招呼技巧

評価がガラッと変わる「声がけ」メソッド 10

▌(1) 隨時準備好打招呼 ▌

————

一般來說，在溝通上會出現問題的人，通常都是還沒有準備好要說話的人。當大家在一起的時候，大多是別人在說話，從來沒想過自己也可以切入話題與人交談。

當然，這樣的人應該也沒有利用 3 秒鐘和人打招呼的習慣，因為他們根本不認為和別人打招呼是一件重要的事。因此與他人的距離也就愈來愈遠，到最後很容易因為說明不夠清楚而產生誤會，產生許多溝通不良的問題。

願意將本書讀到這裡的各位，相信都理解「打招呼」的重要性了，之後要學習的就是如何實踐這個方式而已。

假設，現在身邊出現「打招呼」的時機，卻因為自己沒有準備不知道怎麼開口，實在是一件很讓人懊惱的事。機會稍縱即逝，為了讓自己可以在適當的時機，適時地開口，我的建議是平常一定要有所準備。

如果你是個不怕生的人，不管對方是誰隨時都可以攀談的話，其實就不太需要準備。**但若是平常沉默寡言的人，可能就需要多點準備。**對這些人來說，就是因為平常不習慣開口說話，當想要開口說話時，反而需要一些時間來醞釀。若是平常就有準備的話，當機會來臨時，就可以減少一些醞釀的時間。

你可以先假設幾個狀況，讓自己有心理準備。例如，早上通勤時，若是在中途遇到同事的話，可以怎麼打

招呼。或者是，當你進入辦公室之後，首先要向誰問候之類的。當然，一早就要強迫自己開口的確會緊張，不過，習慣成自然，當你適應這樣的方式之後就不會緊張了。

當你習慣之後，這一切都變得理所當然。更重要的是當你開口説話，彼此就有了交流，這比起你都不開口一直猜測對方的心思，能夠更理解對方的想法。因此，如果你可以養成這樣的習慣，在人與人之間的相處上也會更加的順利。

然後慢慢的，你可以想像一下這個突發的場景 —— 萬一在電梯裡突然遇到主管時，自己應該要如何反應。

原本只有自己單獨一人的電梯裡，在某一層樓有人進來時，如果你能夠隨口説一句「辛苦了！」問候進入電梯裡的人，**不用太多言詞就得以化解尷尬，對方也會對你留下好印象。**

因此，請各位隨時都要做好「打招呼」的準備！

▌(2) 不需要把話講得有趣 ▌

───────

不管在哪裡，都有那種一早就很活潑，很有朝氣的人。這樣的人一進到辦公室，感覺整個辦公室的氣氛一下子都變得生氣蓬勃了。

不只如此，如果這個人能夠把一件小事講得活靈活現又有趣的話，那實在是讓人非常羨慕的一種才能。同樣的事由我來說，應該只會讓人想入睡吧！

所以，像我這種不太會講話的人，要說出讓大家爆笑的話，實在是比登天還難。因此我雖然羨慕很會說話的人，但是如果要我變成像他們一樣的話，我會直接舉白旗投降。

不過話說回來，請各位仔細觀察自己周邊的人。

能夠讓大家笑的人，有幾個呢？除了自己以外，大家都很風趣嗎？我相信應該沒有這回事吧！我猜想，一個團體裡也就那麼一到兩個人吧。

就是這樣，其實大部份的人說話也都不太有趣，大家也都這麼普通地在過生活。你要一個生平不曾讓大家

哈哈大笑的人，突然變成專業的搞笑藝人，實在是不
太可能。

所以，普通的人們其實不需要把話講得有趣，只要用
平常的方式與人溝通，這就足夠了。

只要能深入溝通，其實不太需要引人發笑的部份。

當然，要讓人發笑也無不可，但是我認為不需要太過
刻意。所以，別再勉強自己要講一些有趣的話了！

我相信，那些平時不願意開口説話的人，他們的心中
都有一個結，那就是害怕自己講一些無聊的話會冷場。
但説實在的，其實並沒有人期待你會説很多有趣的話。

因此，別把標準訂得太高，放輕鬆的開口「打招呼」
就行了！

▌(3) **不需要勉強改變自己的性格** ▌

───────

不論是在哪個時代，天生個性內向的人不在少數。

這種與生俱來的個性，要改變實在很不容易。也許外表可以透過服飾做些改變，但是內心深處的部份應該是改變不了。

即使是如此，一定也有一些人硬是勉強自己改變，去迎合外面的人。

在這裡請容許我分享一些自己的看法。其實，過去的我曾經就是這樣的人。與他人在一起的時候，硬是強迫自己要和他人溝通，但是心裡知道，自己對於這樣的方式已感到相當疲倦。

因為在與人的相處上，我總是隱藏自己內心的想法，外人根本不得而知，所以別人對我的認知跟真實的我比起來，其實有很大差距。

比如說，我總是會配合大家一起去 KTV 唱歌，所以大家也都認為我喜歡唱歌。

不過，事實上我唱得並不好，雖然我總是手打拍子附和著大家，表面上唱著笑著，但心中卻總是在想著其他的事情：「是不是差不多該來點一首歌了？不過，萬一選到一首大家都沒聽過的歌就冷場了……要不然點一首流行歌，然後就在旁邊聽大家唱就好了……」

簡單來說，勉強自己的結果就是讓自己一點也不開心。

現在回想起來，旁邊的人究竟是怎麼看待當時的我？真的覺得我是個很好配合的咖嗎？我自己是覺得有點疑惑，也許根本就被人看破手腳，反而在背後被説成是「硬要勉強自己的怪咖……」也説不定。

唉，你看看，到現在還會這樣胡思亂想的人，也是內向個性使然啊！

我從小就一直被老師和父母説「應該更活潑開朗一點」、「要更積極一點！」。自己也是盡可能的努力活潑積極，但是往往天不從人願，心裡也充滿挫折。

要表現出更活潑開朗的另一面，反而會讓做不到活潑開朗的自己覺得自卑，這樣的自卑感也變成一種無形的壓力，不斷地壓迫自己。

等到我自己發現時，性格的確是改變了，但不是變得活潑開朗，而是愈變愈陰沉。更糟糕的是，我還得了人前恐懼症。

只要身處在人多一點的地方，開始就會面紅耳赤，冷汗涔涔。我很討厭自己變成那樣，所以也盡可能的不

在人多的地方出現。

當時的自己，因此越來越內向。

一旦開始避開與他人之間的往來後，萬一突然間要與他人對話時，根本就無法反應。接著就會開始手足無措，做一些自己根本沒想過的行為舉止，最後就會產生一些在溝通上的誤會。

在表達自己的想法這方面，我實在是非常的駑鈍。

我曾經有一段時期努力試著改變自己這樣的個性。

例如，曾經買一些雜學的書回來看，背一些笑話；或者是看一些相聲等等的錄影帶，看看說什麼比較可以逗笑別人；還有看一些心理學的書，想說看看能否看透別人的心理之類的。我其實做了不少努力，但是以結果來看，嗯……雖然我有努力，但是實在看不出有什麼效果。

所以說，我們這種人有個很大的毛病，那就是我們一直誤認為「一定要先改掉自己的毛病，不然根本沒辦法跟其他人溝通」。

但是，從改變自己的性格開始，其實是在繞遠路。重要的是，如何利用短短的 3 秒鐘來改變自己的行動。

現在的我已經不會想要改變自己，也不再花時間與精力在這上面了！

相反的，我利用這短短的 3 秒鐘試著與人交談。

結果我發現，自己的性格依舊很內向，但是與他人之間的關係已經有很明顯的改善。而且，自己也不需要再勉強自己，能夠以自己最原始的一面與他們相處了。

過去人際關係上時常都會感覺到壓力很大，現在也都消失了，這對我來說是個多麼大的收獲啊！

性格就維持它原本應該要有的樣子吧！不需要去改變它。

即使是內向的個性，只要活用「3 秒膠説話術」，也能夠改變因為溝通不良而使自己被誤解的問題。

▌(4) 把你發現的事情不經意地傳達給對方 ▌

關於「問候」的部份，我們把它留到後面的章節再介紹。首先在這裡想要先跟各位解說一下「發現與觀察」這個重點。

某方面來說，這其實也是教大家如何應用它，我們就把它當成是「打招呼」中的一個方式來介紹給大家。

例如，早晨問候時。

> 「早安，今天好溫暖哦！」

> 「早安，今天比較早哦！」

就像這樣，試著在「早安」之類的問候語後面，再多加一句話吧！

如此一來，對方也比較容易可以回應。

> 「早啊！春天的腳步近了呢！」

> 「早啊！我偶爾也是會早到的呢……（笑）」

如何？作為迎接一天開始的對話，是不是感覺很好呢？
如果只是單純問候，很多時候對方也只是回應問候而
已。如果可以多加一句話，相對的，對方也會多回應
一句話。

另外還有其他例子：

「辛苦了！北海道很冷吧！」

「辛苦了！你今天的行李看起來很重的樣子。」

重點就是盡可能把你發現與觀察到的事物或感受傳達
給對方。例如：

・「很熱」、「很冷」、「暖和」、「寒冷」（天
候的變化）

・「差不多要把大衣拿出來了」、「已經可以把
大衣收起來了呢」（換季時）

・「咦，你改變髮型了！」、「今天打的紅領帶
看起來很有精神哦！」（對方的服裝或外表等）

此時，再針對自己發現的事情簡單加點感想吧！此時
要注意的是，千萬不要連負面感想都說出來了。當你

一句「這個顏色看起來好奇怪哦！」，我相信對方一整天的心情也都會很糟糕的！盡可能地選擇正向的表達方式吧！

另外還有一個要注意的地方。有些人可能會把一些「外來訊息」當成是自己的「發現」。隨意把「外來訊息」拿來當話題，很有可能會冷場的。例如：

> 「早安，今天下雨的機率是 50%。」

> 「早安，今天是農民曆上的立春。」

大家覺得如何呢？即使你多說了一句話，但這也是一句大家不知道該如何反應的一句話。對方聽見時，最多也只能回應一句：「哦，是喔。」接著對話就結束了。

所以，**在問候語後多加的部份，請記得在心裡先確認一下是否屬於自己的發現與觀察**再來使用，這個方式才會有效果。

▋ (5) 問候的方式原則上要一人一句 ▋

───────

先問各位一個問題。當你一早進入公司時,看見三位同事在閒聊,自己的主管也在其中。此時,你會如何問候大家呢?

平常,大家會做的應該是對著大家說一句「早安」吧!感覺雖然就像同時和大夥打招呼,但是講難聽一點,如果只大略朝著人群聚集的方向開口,這句「早安」其實就像是對著空氣講話。

在這裡,我想跟大家分享一下正確的問候方式。當你面對的是三個人,必須要正眼面對這三個人,並且連續講三聲「早安」。**原則上,一對一的問候**才是正確的問候方式。

接下來,我再問大家另一個問題。如果當你一早進入公司時,有 10 個同事圍成一圈在閒聊時,你會怎麼打招呼?這個時候也是要一個一個問候嗎?

在回答問題之前,請先想像一下這樣的狀況。當大家一群人圍在一起閒聊時,突然有一個人闖進來一個個問候,感覺應該很奇怪吧。

所以，如果是這樣的場合，其實就不需要個別問候了。眼神要對到需要打招呼的那位人物（例如主管或是前輩等）身上，然後音量調整到每個人都可以聽到，這樣的問候就已足夠。

比方說，當我受邀在研修會上擔任講師時，底下有著數以十計的學員，所以也不可能和每個人都打招呼。

在那個當下，我會先說一聲「大家早安」，然後以眼神環視底下的學員。所謂的環視，也不是隨便看看而已。我會事先決定三個要對眼的人，在腦裡數著 1、2、3，再一一向他們問候。

如果你只是覺得人太多，所以就隨便問候一聲的話，那跟你在自言自語沒有什麼差別。即使只有一小部份的人也沒關係，記得要正眼對視他們，做正式的問候。唯有這樣，你的問候才是有效果的！

▌(6) 讀懂對方的行動模式 ▌

我在做業務員時登門拜訪客戶，有時候會突然遇到對方社長親自出來見我。能夠與對方社長直接面對面接

觸，商談可以進行得比較快速，本來應該是求之不得的事，但是有時候就是因為事出突然，往往在見到對方時反而不知道該如何開口。

我就很常有這樣的毛病：如果突然有事情發生，但是自己卻沒有心理準備，往往就不太能夠臨機應變。說實在的，也就是反應不夠快。各位是屬於反應很快的人嗎？

而我自己的經驗是，如果你能養成「打招呼」的習慣，就比較能夠防止這種不知該如何反應的情況發生。

其實每日工作就像是一種固定的循環，上班族一直不斷重覆做同樣的事。而且，大部份人出勤的時間也都是固定的。

比如拿某個主管的例子來說，星期一早上他都會特別早來準備早上開會的資料等等。**每個人的行動大多已經定型化**，如果可以觀察到對方的行動模式，就可以依照對方的模式來準備相對應的「打招呼」方式。

例如，在某個時間，某個同事應該會搭乘這班電車、如果這個時間到公司的話，應該可以碰到這個人、如果那個時間到茶水間，應該可以看到那人在準備茶水。

那間公司星期二早上開公司內部會議，所以這天他們的社長都會在公司。

如果可以預見，那麼就比較能避免讓自己自亂陣腳的突發事件。

因此，平常多觀察周遭的狀況，養成隨時注意環境動態的習慣是很重要的。

溝通，是你當將眼光朝向周圍時開始。

▍(7) 打招呼的方式一定要切合自己的個性 ▍

如果你仔細觀察那些人際關係很好的人，你會發現他們其實都很有技巧的在使用「打招呼」這個方式。

包括見面時用的是哪一句話，接受對方回應時用的是哪一句話，以及要結束對話時又是用哪一句話。

當事人也許是無意識的，但是如果你仔細去聽他的每一句話，你就會發現他都用得適如其所，恰到好處。也無怪乎這樣的人，他們的人際關係會那麼好了。雖

然是這麼説，如果只是一味的模仿這種人的説話方式，也不見得行得通。因為每個人給大家的感覺都不太一樣。

在這裡，拿推廣業務的場合來比喻大家也許會比較清楚。其實做業務的人，都會知道一些所謂「業務話術」，指使用某些固定的説法來推銷商品。

那些話術產生的目的除了希望能更有效的推銷自家產品，最主要的目的是希望即使是不同的業務員來販售同樣的商品，只要用同一套話術，每個人都可以賣出佳績。但是，實際上並沒有那麼好康的事發生。

有很多很會做業務的人，他們在推銷時所使用的話術，時常被公司收集起來當成教導其他業務員的教材。但是，不同形象的人使用同一種説話方式，聽起來怎麼聽怎麼怪。例如：

> 「客人您好啊！平常承蒙您的關照啦！今天特別要來跟您介紹這個新商品，不會花您太多的時間的！麻煩您啦！」

如果説上述這段話的人是個活潑有精神的人，大家應該不會覺得怪。但是，如果是個個性冷靜沉穩的人來

說這段話，也許就會覺得有點怪腔怪調。

即使這個冷靜沉穩的人努力想要活潑一點來說這段話，從客人的角度來看，只會覺得「這個人怎麼這麼做作啊！」

各位想想，如果連說這些話都很做作了，更別說再更進一步與客人進行對等的商談了。至於銷售的結果各位應該都可以想像得到──根本賣不出去。

其實，這樣的想法不只適用在業務員身上，也適用在其他地方。

別人使用起來具有效果的打招呼方式，用在自己身上是否也有用？如果你用起來覺得怪怪的，對方的反應也沒有很明顯，那麼，那樣的方式也許並不適合你。

但是，如果你仍是勉強自己去配合使用那種「打招呼」的方式，反而只會讓那個方式的效果減半。

同樣是講一句「謝謝」，不一樣的人說出來的感覺也不一樣。

如果是個安靜的人，突然勉強用力說一聲謝謝，也會

給人一種口是心非的感覺。

笑容也是一樣的。

平常都不太愛笑的人，如果突然對著人笑，是沒有辦法笑得很自然的。

與其要勉強做出一個笑臉，倒不如維持你原本的樣子還比較好，因為那只會讓你自己疲累而已。

但是，平常不笑的人，其實也有自然笑出來的時候，而那時的笑容才是最真實的笑容。

俄國大文豪杜斯妥也夫斯基（Fedor Mikhailovich Dostoevskiy）也曾這麼說過：「如果這個人的笑容讓人感到舒服，其實就可以認定他是個好人了！」

不需要做出與自己心情相反的表情，也不需要刻意裝出自己不習慣的表情。

不刻意的笑容才能夠深植對方心中。

另外，講話也不用太刻意，自然就好。

也許你會想用比較開朗的方式和對方說話，以加深雙方之間的關係，但是比起這個，更重要的是「是否有用真心跟對方搏感情」。

只有一些表面話是沒有辦法深植到對方心中的。

隨便的一句「麻煩您了！」，是沒有效果的。

所以我還是強調，其實不需要太過勉強自己。

反正早上都要說上一句「早安」，請各位就抱持著「為了要讓今天工作執行更順利，希望能夠與對方建立良好關係」的心情，向遇到的人說出這句話吧！並在說話的同時，將這樣的心情一併傳達給對方，我相信對方一定感受得到！

▊ (8) 找關係較淺的人來練習 ▊

我了解，雖然我一直強調只需要利用 3 秒鐘來打聲招呼，但是開口的那個瞬間也是需要勇氣的。

「如果失敗怎麼辦？」「如果對方不理我怎麼

辦？」……這些想法先拋到腦後吧。

有些人因為太過慎重看待，反而沒有辦法踏出開口說話的第一步。

如果你是這種人，建議你可以先練習幾遍後再找機會正式使用。

例如，你可以先找外包清潔人員說話，因為你們之間沒有什麼利害關係，所以即使失敗也無所謂。

對於平常沒有「打招呼」習慣的人來說，突然就要人開口說話，可能比較困難。他們很容易緊張，個性又內向，面對突然而來的事情往往無法馬上反應，再加上這樣的人，大部份也都不太會進行事前的練習。

過去的我就是這類型的人。即使有經過練習，也總是臨陣磨槍而已，事後總是感到非常後悔。

某次，我曾經向一位即興表演很厲害的老師請教，詢問他用什麼方式才可以讓自己變得很會說話。那位老師想都沒想就回答**「不斷練習」**四個字。聽說，那位老師在登台之前表演前，至少都練習十次以上。

很會說話的人，有人會認為他們是天生如此。天份也許是有的，但我相信某部份也是因為平常不斷的練習，才有今天這樣的成果。即便是大家認為的「即興」的部份，這其實也是練習而來的，實在是令人佩服！

所以，如果各位也認為**自己是屬於容易怯場的人，絕對一定要練習**！因為不練習就可以成功的事實在少有！

▌(9) 透過打招呼來傳達自己的關心 ▌

因為很重要，所以我在這裡還要重覆強調一次：要生存在這個社會，一定會和其他人產生關係。不管是在公司這個組織裡，或者是自己開公司也一樣，是絕對離不開人群的。

經濟活動的運行，靠的就是人與人之間的合作，不管是受到別人的幫忙或是幫助別人。即使是喜好孤獨，在深山中離群索居的陶藝家，也是因為有人賞識他的作品，進而購買他的作品，才有辦法維持生活。

所以說，要完全無視他人，依照自己的喜好過生活是不太可能的。

當然，我並不是指大家一定要勉強自己與他人交際。
我想說的是，**如果要當一個快樂的社會人，與他人有
最低限度的接觸是不可或缺的條件。**

而與他人之間的溝通能夠順暢，「打招呼」就扮演著
非常重要的角色。

至於「打招呼」的效果以及方式，在之前也都有提過。
但是，最重要的並不只「打招呼」這個動作，因為它
並非「打招呼」＝「變得親近」這麼單純的公式而已。

最主要的目的並不是動作本身，而是這個動作是否能
夠將自己的關心傳達給對方。

只要是與旁人一起工作，就少不了要多顧慮他人三分。
些許的關心以及溫暖的關懷，這個小動作實際上會成
為某些場面的決定性關鍵。

　・為了縮短與對方之間的距離，你早上有和對方打
　　招呼嗎？

　・為了讓主管安心，你是否記得工作過程中向主管
　　做報告呢？

　・為了讓下屬能愉快工作，你有記得關心他們嗎？

就像這樣，你和其他人之間的互動，試想看在主管眼裡他會有什麼感覺？

「這個人會去顧慮到他人的感受，應該可以把大事交給他處理！」

如此一來，你的評價也會跟著水漲船高，工作也會做得更得心應手。換句話說，打聲招呼真正的目的，是為了向旁人傳達自己的「關心」。

　　「現在他看起來好像很不安，讓我來開口問一下是否有需要幫忙吧！」

　　「他看起來好像會擔心的樣子，不如先知會他一聲吧！」

　　「看起來好像不太方便和我說話的樣子，不如找先開口吧！」

就像這樣，仔細觀察對方的感受，然後針對那個感受先向對方打聲招呼。這才是「打招呼」真正的內涵啊！

不管是商務上或是平常與他人之間的相處，其秘訣到最後其實也就是如何表達對對方的關心。如果你有顧慮到對方，除了比較不會產生麻煩之外，說不定還會

獲得對方好意的回應。說更白一點，這其實就是商場
上或是人生成功的秘訣！

所以，對於不善於表達自己對他人關心的人，更要善
用「打招呼術」。請各位務必要養成將「關心」表現
在「言語」上的習慣。

打招呼 = 關心	
消除不安的招呼術	「目前是用這樣的方式在進行。」 「做到這裡，有沒有什麼需要修正的地方？」
對於正在煩惱的對方 **所使用的打招呼術**	「看起來很辛苦的樣子，需要我幫忙嗎？」 「我下午有空，可以來幫忙哦！」
讓對方可以更順利和 **自己說話的打招呼術**	早上問候一句「早安」，傳達自己的心情 向部下詢問「如何？事情進展得還順利嗎？」

▌⑽ 有 6 種打招呼模式就夠了 ▌

以前很常被問到到底什麼才是「打招呼」？我會這樣
回答：

　　「嗯……其實就是問候，還有工作做到一半記得報
　　告，最主要的目的是透過與他人攀談，提高自己

在他人心中的信賴感，拉近彼此的關係……」

然後，就再也講不下去了。這問題實在很難用一句話來形容。所以，我將所有的打招呼方式排列出來後，嘗試將它們分為六大類，供各位參考。

① 日常問候 ①日常問候

乍看之下很理所當然的問候語，如果用對地方會產生很大的效果。

② 關心問候 ②關心問候

將自己的關心化成言語傳達給對方，讓溝通能夠更圓融。

③ 感激語 ③感激語

特別對於委託部下以及拜託外部人員幫忙時，所需要的問候語。

④ 報告・連絡・商量 　④報告・連絡・商量

與主管或同事共同做一件事時，一定要注意的面向。
是很重要的打招呼類型。

⑤ 發現與觀察 　⑤發現與觀察

有時候把自己的發現與觀察傳達給對方，會獲得對方
正面的評價。

⑥ 稱讚語 　⑥稱讚語

讚美會促進人與人之間的感情，與任何人之間的交往
都有正面助益。

至於這些打招呼方式具體的內容，會在之後的章節說
明。本來應該要按照順序為大家說明，但事實上，光
是一個招呼其實就包含著非常多的意思，如果要勉強
分類，反而會讓大家更混亂不解。

因此，本書接下來的解說，每個句子裡包含哪些方式，
都會用 ①日常問候 或 ②關心問候 等方式標示出來，
讓大家能更清楚地理解。

6 種打招呼方式有著絕佳的效果	
1 日常問候	乍看之下很理所當然的問候語，如果用對地方會產生很大的效果。
2 關心問候	將自己的關心化成言語傳達給對方，讓溝通能夠更圓融。
3 感激語	特別對於委託部下以及拜託外部人員幫忙時，所需要的問候語。
4 報告 · 連絡 · 商量	與主管或同事共同做一件事時，一定要注意的面向。是很重要的打招呼類型。
5 發現與觀察	有時候把自己的發現與觀察傳達給對方，會獲得對方正面的評價。
6 稱讚語	讚美會促進人與人之間的感情，與任何人之間的交往都有正面助益。

chapter|03

打招呼習慣的基礎

声がけ習慣の基礎

▌ 你打招呼的方式是否正確？ ▌

接下來，從這章開始就會針對打招呼的方式舉些實例來做說明。

首先，打招呼的基礎，就先從問候開始。

「咦？為什麼到現在還是從問候開始？」呵，我好像有隱約有聽到這樣的聲音。

當然，我相信大家應該都知道要如何問候。但是，請各位別小看這眾所皆知的問候。大家平常理所當然在做的一些問候，其實就是「打招呼術」的根基。

早上起床就先和家人道聲「早安」，這是從小時候就有的習慣，我相信大家已經是習慣性地在做這樣的動作。所以我猜想，也因為它已經成為一種反射性的行為，所以大家應該並沒有思考過這個動作的意義。

當然，我們並不是要在這裡深究「早安」這句話的意思是什麼。而是針對這個動作，我們可以來想想看它存在的意義是什麼。

如果這個世上沒有相互問候這個習慣的話，會是什麼樣子？

請各位發揮一下想像力吧！

早上起來之後，睡眼惺忪地拉開飯廳的門。飯廳有正在準備早餐的母親和正在看報紙的父親。因為沒有道「早安」的習慣，所以你也就只是默默地坐到餐桌前。

沉默無語的氣氛中，大家好像都在等著誰開口說話，
但沒有人願意先開口說話。

吃完早餐之後到了要出門上學的時間。拿起書包穿上
鞋子後，因為沒有說「我要出門了」的習慣，所以也
是默默地走出玄關。

當然，這個例子是有點極端。但是可以感覺得到如果
少了相互問候，應該會是件令人很困擾的事吧！

早上互相道聲「早安」，背後所代表的意思是：熟識
的雙方在今天所說的第一句話。「我回來了」也是同
樣的道理，指的是暫時離開的人又回到原地點時，告
知對方的一句話。這兩句話其實**是兩個熟識的人之間
無形的默契**。

當你回家時說一句：「我回來了！」時，家裡的親人
會回應你一聲：「你回來啦！」。透過這樣的默契互
相通知：現在雙方都已經回到這個家裡了。

另外，問候還扮演另一個很重要的角色。

那就是，**這是可以很輕鬆的完成一段會話**。其實人與
人之間的關係，大多都連繫在「會話」上，大多數的

狀況下，對談的內容愈多，彼此的關係愈形親密。我們常會用「你丟我接」（Catch Ball）──也就是你說一句，我回一句──來形容彼此之間會話的情形。

老實說像這種「你丟我接」的對談，並沒有想像中容易。理由是因為我方所投出的球（說出的話），另一方不一定有辦法回應。而且，如果突然丟個高速球，對方肯定接不住，更別說是投出個變化球，要對方馬上反應又更加困難了！

如此一來，一句話就會有去無回。不只如此，有時候太突然的一句話也很容易會驚嚇到對方，說不定還有可能會惹來對方的不悅，本來想要透過溝通拉近彼此的距離，反而卻讓對方對自己產生不信任感。

所以，在這個時候如果讓問候先出場，投出一個輕鬆的球，令對方可以輕鬆地接起來，也比較容易再丟回去。等到暖身運動做到差不多，也已經熟悉彼此投球模式時，此時再認真投球，這麼一來，就可以很順利地持續對話了！

換句話說，**我們平常無意識中所使用的問候語，其實就是類似在正式會話之前的開場白**，只是我們現在要學習有意識地使用它。

我們時常可以注意到的是，早上進入公司時，向主管道聲「早安」之後，就不知道該說些什麼了，而就此陷入沉默。

為什麼對話會停在那裡呢？其實是我們的意識讓這個對話只停留在問候。但是，如果你是把問候想成是要進行一段對話的開場白，那麼，你的腦袋就會自動幫你想接下來所要說的話。

所以，早上的會話就會像下面的例子：

你：「早安。」 ①日常問候

主管：「喔！早啊！」

你：「您總是那麼早來公司。」 ⑤發現與觀察
⑥稱讚語

主管：「是大家都太晚來了吧！你應該也要早點來啊！」

你：「我每天早上都要很努力地從床上爬起來。」

主管：「你都幾點睡啊？」

你：「大概 12 點左右。」

主管：「這就是你爬不起來的原因啊。我都 10 點就上床睡了。」

你：「您還真早睡啊！」

當然，也不一定每天早上都會有這樣的對話。只要你把問候當成是一個開啟會話的工具，我相信即使是早上偶然的相遇，也會有辦法自然產生像剛剛的對話。

在本書的後半部會再介紹如何從問候連接到會話上的方法，首先在這裡希望各位能夠先記住「問候」最主要扮演的角色是什麼。

「早安」、「辛苦了」、「我回來了」、「歡迎回來」等等的問候語，如果大家能夠意識到它們身為開啟一段對話的角色，你會發現這世上沒有比它們更好用的話了。

當各位讀完這個章節時，別忘了感謝過去的人為我們創造這麼方便的語言啊！

▋ 即使只是打聲招呼，有對話就有收穫 ▋

————

如果一大早就能夠和主管順利搭上話，我相信這一天應該都沒有什麼太大的問題了。不過，大部份都是事與願違的情形，反倒是經常一整天都沒有和主管談到話就這麼下班的情況占大多數。

所以，只有一句話也好，試著和主管打聲招呼吧！

你只要做的事，就是早上跟主管說聲「早安」就好。

咦？這不是平常就已經在做的事嗎？原來如此，既然你已經每天都在做了，那麼，你有發現有什麼效果嗎？

如果，你覺得打完招呼並沒有任何效果，讓我猜想一下，你是不是都是這樣在打招呼？

早上進入辦公室，在走近主管身邊時說聲：「早安。」就這樣丟下一句之後就走向自己的座位。

沒有停下腳步，也沒有正眼直視主管的打算。

當主管發現是你在跟他打招呼時，你已經遠離他走向自己的座位了。主管也只能默默從報紙閱讀中抬起視線，看著你的背影遠去。

如何？你的確是有打招呼了。但是，這反而是讓雙方用著冷漠的方式開始了一天。

即使是打招呼，如果你只是發個聲，其實並沒有什麼太大的意義。特別是一些既定的問候語更是如此，通常在使用上已經有逐漸僵化的傾向。如果只是很僵化地在使用這些問候的話，那麼，問候本身既有的效果也就沒有那麼明顯了。

若是你要讓一句簡單的問候發揮它最大的效果，那麼先理解這個行為的意義再去使用它是很重要的。

早上進入辦公室後，經過主管身旁：「早安。」
①日常問候

稍微停在主管身旁，身體面向主管，同時看向對方的眼睛。

「喔，早啊！」

此時主管也看向自己回應。

不用一秒的時間，彼此視線相接。

然後，輕輕地點頭致意後，就可以離開走向自己的座位。

同樣一句話，只是稍微改變一下自己的態度。其實時間也相差不到一秒鐘，但是之後彼此之間的感覺會有很大的不同。之後若是有關工作上的事要和主管對談時，兩人之間的關係也不會顯得那麼緊張，理由是，**利用早上打招呼這個動作，已經舒緩兩人之間的關係了。**

普通的問候，卻也很不普通。

有做這個動作以及沒有做這個動作，兩者之間有著很大的差別。

▎在問候語之前加上「名字」就好▕

人們對於直接針對自己的動作，會特別的敏感。

比如說，如果魚攤老闆對著經過店門前的人們這麼說：
「大家好！歡迎光臨！」我相信應該沒有幾個人會有
反應。

但是，如果是呼喚：「那位牽著可愛貴賓狗的太太！」
我相信那位太太應該會回頭看一眼才是。

如果再加強一下：「那位牽著可愛貴賓狗的太太，今
天有新鮮的竹筴魚哦！」

就像這樣，並不是「誰都好，聽一下」，而是「就是
你」。透過這樣的方式來與人接觸，我相信對方一定
會有所反應。

這個其實就和正視對方眼睛打招呼是一樣的道理。感
覺就是在告訴對方：「我在跟你打招呼哦！」

當然這樣其實就已經很有效果了，如果你想要再加強
一下效果，可以在問候語之前加上對方的名字。

「齊藤部長，早安」 ①日常問候

「喔！早啊！」

被下屬用這種方式打招呼的齊藤部長，比起單純被説聲「早安」，**會有更好的反應才是**。因為他明白，這是針對於他的招呼。因此某方面來説，若再多加上名字，代表的是一種專屬的感覺，效果是很好的。

其實，如果被他人叫出名字，也顯示出自己與對方的親近感。

所以，如果你已經習慣早上問候的方式，也請你有機會再試試看，在問候語前加上對方的名字吧！

▌因慰勞而生的一句話──「辛苦了！」▌

在工作中，大家使用頻率最高的應該就是「辛苦了！」這句問候語了。除了早上之外，所有的時間都可以使用，對大家來説實在是一句很方便的問候語。

但是，原本這句話最主要的目的是對很努力認真工作的人，表現出「今天真的是辛苦你了！」的感激。但是説實在話，即使沒有那麼辛苦，只要別人對著自己説出那句話，其實也都會有鬆了一口氣的感覺。

- 外出工作回到公司時

- 工作一陣子後休息喘口氣時

- 從公司外面打電話回公司時

- 聚餐大家一同舉杯時

- 回到家裡時

像這樣，工作告一段落時，暫時鬆一口氣的時候就可以簡單利用這些話。

另外還有：

- 在公司走廊相遇的時候

- 在公司電梯裡相遇的時候

也就是在工作中遇到他人時也可以使用。在公司走廊相遇時，比起只是輕輕點頭致意，還不如出聲打個招呼，對彼此的關係會更好。在公司裡如果已經過了說「早安」的時間，但還不到說「午安」的時候，所有的問候都用「辛苦了」來代替也是沒問題的。

有時利用以下這個時點，也能很方便的使用這句話：

・　有事要出聲叫別人的時候

例如，當你有資料需要請主管幫你檢查確認，走到主管的座位附近時，見到主管正集中精神在看電腦裡的資料，沒有注意到自己靠近。此時，與其用「不好意思～」倒不如看準時機說一句「**辛苦了！**」，主管反而會將注意力放在你的身上。

由於我做了很長一段時間的業務，外出的機會很多，所以是一個最常被說「辛苦了」的人。

但是，如果你並不是很常外出的人，請你一定要記住。

當業務員等人在外面跑，有時要被客戶罵，拿不到訂單，心情低落的同時，若外面又突然下雨，拖著沉重的步伐回到公司，如果在這個時候跟大家說一句「我回來了」還沒有人理會他的話，其實是非常寂寞的一件事。

萬一他又看到一堆人在那裡閒聊，心裡應該有說不出的苦悶。說不定還在心裡想著：「我在外面跑得那麼辛苦，他們卻在聊天！」

當然，其實只要是工作，大家都很辛苦啦！

但是，不管是嚴熱的夏天或寒冷的冬天，業務員都必須要忍耐在外面跑的辛苦，所以如果有聽到類似像這樣慰勞性的問候，對他們來說是很開心的。

特別是業務員這種工作，在外面跑往往都是隻身一人，其實是很孤獨的工作。如果是心情很差地回到公司時，聽到有人用很開朗的心情說一句「辛苦了！」，對他們來說實在是會有種獲得救贖的感覺。

他們會覺得，自己不是孤獨一個人，而是有同伴的，此時心裡會感到非常的安心。

因此，對那些在外面打拚的業務同仁，當他們回到公司時，真的別忘了說一句：「辛苦了！」只需要這樣，你所做的事就會有所回報。

因為你溫暖的一句問候，對方就會對你抱持很好的印象。再加上旁邊的人也都看到你的動作，對你的評價也會因此相對提高。

你也許會覺得這只是個小動作，但是養成這樣的習慣以後，可以逐漸拉近彼此的距離，也可以進一步累積

彼此的信賴關係。

所以，請各位養成習慣，多利用「辛苦了」這句話，
將自己感激的心意傳達給對方。

即使沒有受到對方照顧
也要說「承蒙您的照顧」

「辛苦了！」主要是對公司內部或是自己身邊比較親
近的人所做的問候。那麼，對公司外的人有沒有類似
的問候呢？

比較具代表性的就是「承蒙您的照顧」了。一般的使
用時機是：

① 打電話給客戶時

　　「**平常承蒙您的照顧**。我是○○社的 ×××。請
　　問總務部的高田小姐在嗎？」

② 與新客戶（初次見面）交換名片時

> 「**承蒙您的照顧**。我是○○社的 ×××。請多多
> 指教。」

就像這樣，大部份都用在對話開頭的部份。

像②那樣初次見面的人，嚴格來說，根本沒有受到對方的什麼照顧，但是仍然要說一句「承蒙您照顧」。在這裡的意思是，不管以後會不會受到對方的照顧，它主要的角色就和「你好」一樣，有相同的意思。

如果省略這個部份直接講名字的話，大概會被對方認為是個沒禮貌的傢伙，因此**現在大部份都是使用在「要讓一句話聽起來不那麼直接」、「可以較和緩地與對方進行會話」**上。這個問候語，就把它看成是當一名社會人應該要有的禮節吧！

因此，我們也不必要針對這個部份太強調自己的感謝之意。

當你真的想要感謝對方時，請這麼說：

> 「這段時間以來承蒙您照顧了！真的非常的感謝

您！」

這在商場上實在是很受用，是句很方便使用的問候語。所以當你有困惑不知道要用哪句話來問候時，總而言之先用這句話吧！

▌適用於電子郵件的問候語 ▌

———

不只是用在說話上，也有適用在電子郵件上的打招呼方式。

例如「承蒙您的照顧」，這是商務郵件中最常出現的一句話了。比起直接進入主題，加入這句話總覺得比較好收尾。

或者是「好久不見，近來好嗎？」這是與對方有很久的關係，久沒連絡但突然要連絡時所用上的一句話。

另外，如果你與對方前幾天有見過面，可以這麼說：「前幾天非常謝謝您！」

重點是根據自己與對方的關係，稍微改變一下說法。

透過這些許的改變，所代表的意思是「我現在是針對你這個人發電子郵件」。如果你寫得像是發群組信件時所使用的形式化開頭，那麼收到的人應該也不會開心吧！以這句開頭的問候語，其實就是代表特地向他打招呼的意思。

和平常打招呼的方式一樣，在電子郵件上也可試著使用同樣的方式。

- **對於平常就會見到的人**

  「早安」、「午安」、「哈囉！」等 ①日常問候

- **對於有一陣子沒有遇到的人**

  「好久不見哩！」、「很久沒見到您了！」、「您好嗎？」等 ②關心問候

- **對於幾天前才見到的人**

  「前幾天謝謝你了」、「這段期間謝謝您了！」等 ③感激語

上述這些話，老實說並沒有代表什麼意思。

比起這些話的詞意更重要的是，**稍微做些變化來使用，可以傳達給對方的是彼此之間關係以及親密度**。重點是「我現在是面對你在跟你打招呼！」

所以，別總是對誰都是一句「你好」作開頭，依照不同的對象，分別使用不同的問候語吧！我相信對方的反應一定很不一樣！

▍分清楚「謝謝」與「不好意思」的用法 ▍

在工作上最常使用的兩句話應該就是「謝謝」與「不好意思」吧！不只是用在口語上，就連書信往來也會很頻繁地使用這兩句話。

但是，這兩句話的使用方式其實非常地含糊不清。「不好意思」原本不是用在感謝對方上面，但有些人也會將「不好意思」當成「謝謝」來使用。如果你真的想要表達自己的謝意，直接向對方說聲「謝謝」，對方應該會比較開心。

我曾經向一些來到日本的外國人詢問：「你認為最難理解的一句日文是什麼？」經常會出現的答案就是「不

好意思」這句話。他們會選擇這句話理由是：不能理解日本人為什麼明明沒有做什麼錯事，卻要道歉等等。我心裡默想，他們會有這種感覺也是理所當然的。

這也許是日本獨特的文化。比起我們自己開心的表現，我們的習慣是優先表現出造成對方不便的「不好意思」的心情。另一方面，也是緣於我們並不習慣直接表現出自己的情緒。

不管如何，其實日本人是不太會説「謝謝」的人種。

但是反過來思考，如果大家都不説的話，其實就是個機會了。

這是我自己親身的經驗。過去我曾經把多餘的電影票送給朋友，當時朋友的反應是非常開心地跟我説「謝謝」。而我就被這一句「謝謝」給感動了！因為，我已經很久沒有見到這麼直接告訴我「謝謝」的人了。

之後，我對這位朋友的印象也瞬間改觀了。

就是因為旁邊的人都不使用的關係，只要學會使用它，大家對你的印象就會改變！

我也是從那次之後，總是有意識地在使用「謝謝」二字。

另外「不好意思」這句話其實跟「感到抱歉」的意義是一樣的，在商務場合反而後者比較適用。所以不如平時盡量習慣不要使用「不好意思」，各位覺得如何呢？

如此一來，當你想要道謝的時候，不要出口就是「不好意思」，相反地，對方就會因為你的一句「謝謝」而感到高興。

▌是否太常用「麻煩您了」這句話？▌

與客人談事情談到最後，大家最經常使用的一句話就是「麻煩您了！」。即使訂單被取消了，到最後還是習慣性地加上這一句。特別是在商務溝通上，大家不太會使用「再見」這兩個字，通常使用「麻煩您了！」來做結尾。

另外，在書件往來上也很常使用這句話。在寫完要傳達給對方的訊息後，最後總是會加上一句「麻煩您

了！」，才有書信完成的感覺。

因此，這句話已經變成語尾的問候語了。

我在這裡是想提醒大家一句，各位會不會因為太過好用反而過於濫用這句話了呢？只是把它變成是一句口頭禪，「不管在任何的對話，只要在最後加上這一句就行了」的感覺。

你真的是很想拜託麻煩別人嗎？請各位捫心自問，其實有很多時候根本就不是吧。

那麼，如果您是有從頭閱讀到此的看倌一定就會知道，淪為形式的語言其實是沒有辦法發揮它的功效的。

幾乎所有的人都是無意識的在使用這個沒有任何效果的語言，所以我們更應該要學習如何使用它，讓它發揮它的效果。沒錯，最後就是要有意識地去使用它！

因此，我們要先學習不要去使用「麻煩您了！」這句話。

這麼一來，我們就會開始考慮，當不能使用「麻煩您

了！」時，要用什麼話來代替會比較好。

「那麼，若還有任何問題，請您跟我連絡。」
②關心問候

「今後希望還有機會能和您一起合作。」
②關心問候

「下次，我們一起去那間店試試看吧！」
②關心問候

比起那些制式化的語言，上述的説法更能夠打動人心吧！

如此一來，當你真的想要拜託人的時候，就可以像這樣説：

「下次真的要麻煩您了！」

「這次真的太感謝您了！下次也要請您多多幫忙！」

如何？心意傳達的方式是不是變得很不一樣呢？

只要稍微改變日常中制式的一句話，就能縮短與他人之間的距離。

所以，請各位稍微改變一下，別把「麻煩您了！」一直掛在嘴邊了！

如果透過這一章，能讓各位打招呼的方式稍微有些改變，那真是我的榮幸。

其實最主要希望各位能夠感受到的是，只要稍微改變平常打招呼的方式，對方的反應就會有很大的改變。

之前也和大家提到過，其實打招呼是一個很方便開啟對話的「道具」。只要你有稍微抓住這個概念，下一章我們再來好好學習史進階的打招呼方式。

chapter|04

大幅增進信賴感的
打招呼技巧

相手に応じた「声がけ」が大きな信頼につながる

█ 對主管比較有效的打招呼術 █

當你要打招呼時,若是針對不一樣的人有不一樣的方式,其實效果會更好。

在目前的生活中,就有一個會對自己的評價帶來很大

影響的人——沒錯，那就是你的主管。

不管對方是什麼人物，你的主管就是掌握你的命運的人。別說是在公司內部會給你帶來多大的影響，光是想到主管是會直接掌握自己的薪水與待遇的人，無法避免的，你就是得要對他多一份關心才行。

因為如果你不勤於關心，說不定就會給自己帶來莫大的傷害⋯⋯

不管你自己認為是多麼深思熟慮之後才行動，只要這樣的心思沒有傳達到主管的心中，那麼這個行動某方面來說，只會被認為是「自作主張，任意妄為」。

即使原本的目的是因為顧慮到主管的觀感，所以才在主管還未命令之前就先展開行動。但是，這樣的心思萬一沒有辦法被認同，反而有可能會被誤解，認為你是「自作主張，不懂得顧慮他人的人」。

此時，就要看你遇到的主管是什麼人了。運氣好一點，遇到願意了解你的主管還好，如果主管始終都無法了解你的用心，在他心裡，你很容易被貼上「無法重用」的標籤。

這麼一來，在主管的心中你會變成是一個「不能交付重任的人」，當然，對你的評價也就會愈來愈低。

換句話說，如果你已經被主管認為是個「無法信賴的人」，你就已經出局了。而且如果是自己並不樂意，但是卻被主管這麼想的話，那真的是有夠悲慘，不早點處理這樣的狀況，其實是很危險的。

即便是如此，我也不是叫你一定要虛偽奉承你的主管。沒有必要不分對錯就稱讚主管，或是故意做一些事情討主管歡心。

你只需要做你應該要做的事。

而這個最有效的方式就是「打招呼」。

那麼，讓我們接著看下去吧！

▌ 針對自己的行動向主管打聲招呼 ▌

如果有一個不需要太多指示，就會自動自發去執行工作的下屬，這個主管實在太幸福了。因為如果一個主

管他下面的人都是「一個指令一個動作」，那麼他連自己的工作都沒辦法順利進行。

只是，如果下屬都只照著個人的意思行事，那也是一件令人不安的事。其實不管是哪種主管，都想要掌握自己的下屬什麼時候做了什麼事。

因此，大部份公司的辦公室裡，才會有專門記錄每個人行程的地方，讓要外出的人寫上外出地點後才出門，這是為了方便大家知道各自的行蹤。接下來讓我們先來看看下面這個例子：

主管：「喂，高橋！高橋在嗎？」

下屬：「剛剛他還在這裡。」

主管：「他跑去哪裡了？」

下屬：「嗯，他在白板上只有寫說要去拜訪客戶。」

主管：「真是的，去哪也不說一聲！」

如果你只有在白板上寫自己要去的地方，卻不打聲招呼就出門的話，也許在辦公室裡就很容易會出現上述

的對話。因為身為主管會希望隨時都能掌握自己下屬的行動，如果悶不吭聲就出門拜訪，只因為這樣就感到不快的人其實不在少數。

但是，也沒有必要跟全公司的人說你要去哪裡，只是至少應該向主管口頭報告自己接下來的行動。

> 高橋：「我等一下要去○○商社拜訪。」
> ④報告‧連絡‧商量
>
> 主管：「是嗎，你要去談之前那件事吧！」
>
> 高橋：「是的，我會盡可能將事情圓滿處理。」
>
> 主管：「那就拜託你了！也幫我向負責窗口山本先生問好。」
>
> 高橋：「沒問題！那麼，我先出門了！」

如何？只是和主管打聲招呼，大家也可以清楚感受到，主管對高橋的印象有了很大的改變。如果是這樣，主管應該也可以放心了吧。

其他的包括與社內其他部門開會的時候，中午要出去吃飯等等，都先跟主管報告後再行動吧！**請你隨時要**

記得，無法掌握下屬私底下在做什麼的主管，其實是很不安的。

所以，對於一個他無法放心，以及一個他可以放心的人，相較之下，想當然的對兩者的印象也會有所不同。即使兩人做出來的結果不相上下，就會因為印象的好壞，而有不同的評價。

如果有跑外務的預定，那麼出門前先和主管打聲招呼吧！

萬一主管不在，在白板上也不要只寫「拜訪客戶」，記得寫下具體拜訪的公司名稱、場所、以及拜訪事由等，讓主管回來看到之後也可以掌握你的行蹤。

請記住，默默地站起來離席這件事，唯一可以做的就是你去廁所的時候。

▌回到公司後，第一件事就是向主管報告 ▌

在外面跑了一整天卻沒有什麼成果，做業務的應該很常碰到這種情形吧！如果倒楣一點碰到下大雨，又搞

得全身濕漉漉的，回到公司時不管是心靈或是身體都感到非常失落，於是默默地回到自己的座位上，然後沉著一張臉開始整理資料……

如果工作進行得不順利，不管是誰，打從心裡就不會想去跟主管報告吧。不光是顯示出自己能力的不足，說不定還會被主管斥責，這種不想開口的心情，我能夠體會。

但是，這樣的你，看在主管眼中是什麼樣子呢？

當然，也許他會斥責你什麼成果都沒有拿回來，但他心裡想的其實不只這些。

「這傢伙看起來又失敗了。還蠻想要激勵他一番的，不過看他那個失落的樣子，又很難跟他開口。算了，先讓他自己沉澱一下好了！」

主管其實是會這麼想的。

即使他想要給你一些工作上的建議，但是看到你如此失落、不想說話的樣子，他也就退縮了。

因此，回到公司後，即使沒有什麼成果，也跟主管報

告一聲吧！

　　你：「長官，我剛從○○建設公司回來了。」
　　④報告・連絡・商量

　　主管：「啊，你回來啦！辛苦你了。結果如何呢？」

　　你：「不好意思，結果沒有很好。」

　　主管：「是嗎？為什麼會這樣，詳細的情況跟我
　　說一下吧！」

首先，從客戶端回來後，先跟主管報告一聲自己已經
回到公司了。

**主管想要知道的當然是結果，再來就是想要知道所有
事情的前因後果。**為什麼會成功？為什麼會失敗？知
道原因之後，才會知道今後應該要如何改善。

如果知道失敗原因，主管也可以好好思考一下對策，
才能夠給你好的建議。在商場上，如何在失敗中尋找
原因並改善，才是最重要的。

說不定，失敗的理由也許根本不在你身上，是在最根
本的地方（例如商品的陳列或價格設定等等）出現問

題也說不定。

因此，與出門前一樣，從客戶端回到公司後，也跟主管通知一聲吧！

因為你的主管會想要跟你說一聲：「辛苦了！」、會想要激勵你一聲，說一句：「你真的很努力！」

即便知道主管有可能會斥責你，那也是當面讓他斥責，好過他在背後說你。

另外還有一個好處，那就是回公司報告，可以改變自己想要偷懶的習慣。

我剛開始在跑業務的時候，總是想要找機會偷懶。因為我打從心裡就不是那麼喜歡與他人交際，所以都一直逃避、摸魚。

最後，常常也沒有去拜訪客戶，回公司只找想辦法矇騙過去。

　　主管：「今天的結果如何？」

　　我：「對方說完全不行。」

就這麼一句，然後把視線從主管身上移開，也不管主管那副還想多問一些的表情，就火速回到自己的座位上。現在回過頭來想，自己那時的態度，擺明了就是心虛，也許早已被主管看破手腳了，所以主管才會沒有再多追問些什麼。

但是，當我打從心裡決定，回到公司一定要向主管報告時，我就沒有再偷懶過了。因為要能夠具體地向主管報告，唯有真的去拜訪客戶才做得到。

當然啦，不能偷懶，這件事對一個負責任的社會人來說，是一件理所當然的事。但是我是一個很放縱自己的人，像我這種人如果可以用向上報告的方式來約束自己，表示其實這是相當有效的方法。

不管怎麼樣，盡量養成一回到公司就向主管報告的習慣吧！

▍執行工作的中途打聲招呼，可消除主管的不安▍

「把事情交代給他也可以啦，但是真的沒問題嗎？我相信事情應該可以進行得很順利，但是萬一中途發生

什麼問題的話，那可就麻煩了。但是，一旦事情交代給他去執行，中途一直問東問西也不太好，疑人不用，用人不疑嘛！可是我還是有點擔心……」

要麻煩下屬做一件重要的事時，主管內心的想法是這樣的。

心情是既矛盾又不安。因為一旦事情交代給下面的人去執行，他就不太想要出口干涉；但是如果不干涉，萬一到最後發生什麼問題，卻沒有辦法挽救的話，那也不是他想要的結果。

為了要消除這樣的不安，主管會向屬下這麼詢問：

> 主管：「高橋，拜託你幫忙做的資料做得如何呢？」
>
> 高橋：「到目前為止沒有問題。」
>
> 主管：「……是嗎。如果是這樣就好了，截止期限也已經定下來了，得要趕在那之前做好。」
>
> 高橋：「我知道。」

「難道不能多相信我一點嗎？」高橋心中很不滿，自

然地，在對主管說話時口氣也變得不太好。想當然爾，主管雖不會再多追問些什麼了，但心中的不安卻沒有減少。

而若是運氣不好時，心中所擔心的事，偶爾是會真的發生的。

　　高橋：「資料已經做好了，請過目。」

　　主管：「太好了。在哪裡⋯⋯咦？這樣不行！」

　　高橋：「我是完全照著長官您的指示做出來的！」

　　主管：「這個字太小了。這次坐在台下聽演講的是一群長輩，你這樣他們看不清楚。這個如果要修正的話，要花多少時間呢？」

　　高橋：「從今天開始算可能要３天。」

　　主管：「那就糟了，這樣可能來不及了。你明天把它趕出來吧！」

　　高橋：「我會試試看的。」

「如果你早點跟我說就好了！」高橋心中是一肚子火。

要把字級放大，還要不影響整個報告的格式，說實在真的很花時間。到最後，他在公司徹夜未歸修改完所有的資料，隔天早上眼睛佈滿血絲地將資料交給主管。

　　主管：「你這樣修正有比較大嗎？跟之前沒有什麼差別啊！」

　　高橋：「字真的有比較大……」

　　主管：「這個大小還是不行，但已經沒有時間了……」

主管只好拿著手中的資料，急急忙忙地出門去了。

不用想也知道，結果一定是不好的。果然，真的被現場的長輩抱怨資料文字太難閱讀了。

各位覺得如何呢？高橋其實也用他的方式在努力著。而且他也很負責任的熬夜把資料修改完成，只是他所呈現的結果仍然不是主管想要的。所以即使他確實很認真，也沒辦法把這份認真完全反映在主管對他的評價上。

也許各位已經了解，高橋到底少了哪個步驟，才會導致今天這個結果。

「長官，我目前做到這裡，您覺得有沒有什麼問題？」 ④報告・連絡・商量

沒錯，就是少了這個中途報告啊！

做事情不能夠做到最後才要拿給主管看，而是中途至少要讓主管確認一次。

而這樣子的動作並不是因為自己沒有自信才需要做的。

而是因為如果有讓主管先確認過一遍，可以避免像這次一樣的狀況，不致於完全沒有修正的時間。

而且，如果在做修正之前，以「字體大小這樣可以嗎？」如此跟主管打聲招呼，請主管再確認過一次，那麼今天就不會因為字體的大小的問題而以失敗收場。

追求完美主義的高橋因為自尊心的關係，所以不願意在事情做到一半時，開口請主管先確認，都是將資料完全做好之後才呈給主管。

當然，有時候資料真的很完美，完全沒有錯誤。但是，重點不在於最後結果的呈現。

讓主管安心是中途報告的最主要目的。

了解自己的心意，願意讓自己安心的下屬，主管才有辦法信任。

這樣的方式，除了會讓主管覺得這個下屬是讓人值得信賴的人，在工作上也可以避免掉一些問題產生。

所以，也請各位別忘了，養成平常在工作時，做到一個段落要記得向主管「打聲招呼」！

▎如果有出問題的預感時，要趕快報告 ▎

———

「目標達成了！」

「趕上交貨日期了！」

「我拿到大訂單了！」

如果每次都是報告這樣的消息，那真的是太好了，可以想像主管眉開眼笑的表情。

但是，只要是工作，就沒有那種天天開心的日子，一定也有一些不想向主管開口報告的事吧！

如果出了什麼問題，向主管報告是理所當然的。當然，也許免不了主管一頓責罵，但是詳細報告問題的內容是很重要的。如果沒有及時報告，或是隱匿不報，到最後損失的還是自己，也有可能會造成主管以及公司的困擾。

那麼，舉個例子讓各位來想想看。主管拜託你做一份資料，但是這份資料比想像中的複雜，也許沒有辦法如期交給主管。

在途中，主管來關心進度時，你會如何回答？

    ① 「到目前為止都沒有問題。」

    ② 「嗯，我想應該是沒問題。」

    ③ 「我正在努力當中。」

大家會選擇哪一個呢？其實這三個答案都不正確。

答案①很明顯的就是在說謊。即使有問題卻沒有反應給主管，讓主管無從作判斷，是最危險的一個答案。

另外，如果回答的開頭是「我想⋯⋯」的話，其實是每個主管最討厭的模式，因為這個回覆並無法消除他對事情進展的不安。身為一個主管，他最想知道的是實際狀況，再由他自己來判斷是否真的沒有問題。

至於答案③，也是不了解主管的心理所作出的回答。主管來問你，並不是希望你好好努力，而是希望你做出來的結果是正確無誤的。如果變成「我有努力，但是卻失敗了」，這會是一個最糟的結果，主管對下屬的信任也一絲不剩了。

因此，針對這個問題，正確答案應該是：

> 「說不定可能會來不及交給您，如果方便的話是否能跟您商量一下⋯⋯」④報告・連絡・商量

對上頭的報告，不可能都只有報喜不報憂，而且實際上比較起來，不好的消息其實會占大多數。

在這裡必須要提醒各位，比起自己被罵，更重要的是，事情是否能夠順利地處理。

所以，只要有一點點覺得不對勁的地方，也要將現狀正確地傳達給主管知道，盡早做處理也許就可以防範失敗的發生，這個動作是很重要的。我反而認為，有問題會即早通知主管的人，才是真正可以獲得主管信賴的人。

▎ 碰到忙碌的主管，要告知明確的時限 ▎

對於一整天都非常忙碌的主管，要抓準時機向他報告事情，其實是一件很不容易的事。

總算等到主管掛掉電話，正準備要去找他時，發現他又接了另一通電話，要不然就是又要跟誰開會等等，總是很難找到可以與他說上話的時機。

即使感覺好像有時間可以報告了，才一句：「不好意思……」說完，「我現在很忙，等下吧。」馬上就被打槍。這麼一來，自己的工作也沒有辦法進展下去。

但是，有些緊急事件是一定要向主管確認，並且必須要盡早告知客戶結論的。

當你遇到這樣的情況時，該怎麼辦呢？

　　高橋：「不好意思，部長，我有件事想跟您報告……」

　　部長：「我現在很忙，等下再來。」

被這麼一說，你也只能退下了。但另一方面客戶還在等自己的答案，如果不趕快回覆就糟了。時間就這麼一點一滴的過去，總算等到可以和主管講話時，已是六個小時後。

　　部長：「你要報告什麼？」

　　高橋：「是，其實是客戶○○先生打電話來客訴，我們下面的人因為沒辦法對應……」

　　部長：「這是要緊急處理的案件吧！你怎麼不早說！」

　　高橋：「是，真的非常的抱歉……」

　　部長：「那現在的狀況是怎樣？」

高橋：「我們還未回覆給客戶……」

我們可以想像，高橋在這之後應該會被主管罵到臭頭。不只如此，一直等不到回覆的客人，對高橋應該也是一頓罵吧！這一天，對高橋來說實在是悲慘的一天。

高橋其實已經很努力想要趕快跟主管報告，但是事情卻不順利，到底是哪裡出了問題？

如果要讓忙碌的老闆先聽我們報告，我們必須也要先做足準備。主管想知道的事，大約有以下幾項：

· 急迫性（是否必須要馬上處理，還是今日內處理就可以了？）

· 重要性（是否會危害到公司權益，還是只是單純公司內部問題？）

· 談話內容長短（是需要仔細聽完報告再判斷，還是當下就可以做指示？）

不管再怎麼忙，如果是很緊急又很重要，而且是當下馬上可以指示的事，那主管肯定會撥一點時間聽你說。對主管來說，如果判斷這件事比他現在手邊的工作更

重要的話，他應該會馬上著手處理的。

所以，在這裡要注意的是，你的發言要讓主管能夠容易判斷工作的優先順序。

如果你只是對著主管說：「我有事情要報告。」主管是無法作出判斷的。

相反的，如果再多加幾個字，應該就可以讓對方瞬間就能作出判斷。

【事情很急迫時的表達方式】

　　「很緊急。」

　　「目前客戶在等。」

　　「一小時內一定要回覆。」

　　「要在明天之前回覆。」 ④報告・連絡・商量

【事情很重要時的表達方式】

　　「有張很重要的大訂單要談。」

「○○公司取消大量的訂單。」

「雖然不是很重要，但有事情要跟您報告。」

④報告・連絡・商量

【談話內容長短的表達方式】

「請給我一分鐘。」

「方便給我一小時的時間嗎？」

「我想跟您好好地談一談。」 ④報告・連絡・商量

如果再多加上這些話，就能夠讓對方比較容易可以判斷事情的輕重緩急。

最後，我再舉一些反面例子供各位參考。

【找藉口】

「需要修正的地方比想像中還多……」

「我本來想説要早點告訴您……」

「到昨天為止對方的窗口還跟我説沒問題……」

【把結論留到最後】

> 「原本我想説○○，但是突然發生××，再加上△△也出了狀況，導致整個功能都癱瘓了。」

> 「所以結論到底是什麼？」

> 「趕不上交貨日期了。」

不管詳情是什麼，先告訴主管他最想要知道的結果，這是顧慮到主管的一種做法。不要先想如何脫罪，而先考量對方狀況再開口會比較好。

要向主管傳達事情時	
急迫性	「很緊急。」 「目前客戶在等。」 「在一小時內一定要回覆。」 「要在明天之內回覆。」
重要性	「有張很重要的大訂單要談。」 「○○公司取消大量的訂單。」 「雖然不是非常重要，但……」
談話內容長短	「請給我一分鐘。」 「方便給我一個小時的時間嗎？」 「我想要跟您好好地談一下……」

跟個性不合的主管說：
「我有事想跟您商量（請教）。」

在社會上與他人來往時，總是會有一些跟自己個性比較不合的人。因為我們是人，會有這樣的事也是理所當然。但是，如果對方是自己的主管時該怎麼辦？

因為不合，所以就告訴自己「盡可能地不要接近他」，但這麼一來是沒有辦法好好工作的。

更重要的是，如果你一直有「我跟他不合」的想法，其實也會在無意中傳達給對方。如果讓主管感到「這個傢伙在躲避我」的話，那就應該是最糟糕的狀況了。即使知道事情的嚴重性，但是不合也沒辦法……

這個時候，我就會建議大家使用「商量」這個方式了。

對於與自己個性不合的主管，若是能夠用最少的接觸，做最有效的溝通就好了。

如果是個性與自己不合的人，勉強自己要去跟他閒聊或喝酒，做些無謂的溝通，只會讓自己壓力更大而已。

當然，更別說要利用私人的時間陪主管去打高爾夫球，相信各位絕對是不想去的吧！

但是，話又說回來，工作上你們總是要溝通的，因為平常沒什麼來往來，所以我相信雙方在溝通的時候，應該會感覺到有一股疏離感吧。

因此，我們來看看有什麼方式能讓主管對自己印象好轉吧！

我們在第二章的時候有提到「報告」、「連絡」、「商量」這三個字，是下屬對主管最重要，也是最需要養成的習慣。

在這三個動作裡，就屬「商量（請教）」最合主管的胃口。

讓我來分享一下自己過去的經歷吧！

過去的我，也曾經遇到一個跟自己個性很不合的主管，而且我打從心裡覺得，他應該也不喜歡我。那個主管對於自己喜歡的下屬是照顧得無微不至，但是對於他自己不喜歡的下屬，就無視他們的存在，明顯是個喜惡非常分明的人。當然，我就是屬於被他忽視的其中

之一。

某一次，我接手處理一個企劃案。我發現這個企劃案，很像是自己的主管過去曾經處理過的一個案子，於是我下定決心，想和平常沒什麼往來的主管商量一下，並請教他這個案子的處理方式。

「不好意思，長官，我想要跟你請教一件事。」
④報告・連絡・商量

「什麼事？」（表情很驚訝）

「這個企劃案，感覺很像您過去曾經處理的一件案子……」

「啊，這個嗎？的確是很像。」

「是啊。針對這個部份，我其實覺得有點怪，不知是否方便跟您請教一下。」④報告・連絡・商量

「哦，是這樣的嗎？我知道了，那麼我們去會議室談一下吧！」

之後，我們兩個整整談了一個小時，主管非常親切的給了我許多的建議，根本超乎我想像。最後還很高興地對我說：「如果有什麼問題，再來找我吧！」那個

表情，到現在我仍然記憶深刻。

也因為這個機會，讓我和我的主管的關係變好了。當然不是感情非常好，但是至少已經不會相互躲避對方了。

在這之後，我偶爾也會去請教他一些工作上的問題等等，藉此維繫著彼此之間的關係。對我來說，我不但可以從他那裡得到建議，還可以打破彼此之間的隔閡，實在是一石二鳥之計。而這個就是「商量」的效果啦！

人只要滿足自我的慾望，就會感到無限的歡喜。

「只有你才可靠。」

「有你在真是太好了！」

「這個工作如果沒有你，根本沒辦法進行下去。」

我相信，沒有人會討厭自己被別人這麼說吧！

美國心理學家馬斯洛（Abraham Harold Maslow）提出知名的五大需求理論，其中第四階段的需求（也就是

從上數下來第二個階段），就是「尊重需求」。這個需求指的是在團體之中，自我的存在與價值受到認可，以及期望他人對自己的尊重。

當人們在心裡感覺到「我有幫助到其他人了、我被其他人所依靠」的時候，也就是滿足這部份需求的時候，而那種成就感是非常大的。

你找對方商量或是請教對方事情時，就會達到滿足對方自我慾望的效果。

如果將這招好好用在自己的主管身上，你可以很明顯感受到，**主管對你的感情會有加溫的效果**！

面對一個自己不合的人，要諂媚奉承，其實心裡多少會有點抗拒，而且這並不能解決問題。

但是如果你是跟主管「商量」的話，因為是工作上的事，不但可以很自然地交談，對方也不會覺得奇怪，也能夠坦然的回應。

其實對方不是與自己不合的主管也沒關係，只要是你覺得彼此之間有相處問題，其實都很有效。

再多傳授給各位一招，如果你有心儀的對方，想要接近他／她時，也可以用「商量（請教）」的方式。不過，我可不保證結果一定成功，但至少你可以滿足一下對方自我慾望的需求。

所以，請各位一定要試試看「我有事想跟您商量（請教）……」這句話！

▌ 拜託對方做完事，別忘了一句「託您的福！」▌

在公司裡做事，往往很多事沒有辦法單獨作業，也常有仰賴他人幫忙完成事情的例子

在這個時候，你就必須拜託別人來幫忙。

舉個例子來說，假設高橋獨自奮力工作，事情到了已經快要火燒屁股的階段，於是高橋開口請部下幫忙。

　　高橋：「幫我影印一下，快，各印 10 份！」
　　部下：「好。」

然後，當部下將影印完的資料交給高橋時：

高橋：「再幫我把它訂起來。」

部下：「好……」

等部下把所有資料都裝訂好後：

高橋：「那麼，幫我把它拿到會議室去。」

部下：「……」 （默默地移動到會議室）

部下對高橋的態度愈來愈不好，理由是什麼各位清楚嗎？

理由有 2 個。

其一，工作一個接著一個地指示，這麼一來部下只是照著指令做事而已，一點都不有趣。況且，指令一個結束後又接著一個，部下會搞不清楚這個工作做到哪個程度才會結束，他也有自己的工作，幫忙你做這樣額外的工作不知要做到何時。如此一來，部下心裡也會覺得不舒服。

其二，高橋對部下幫忙自己做的事，感謝的話一句也沒說。

拜託別人做事之後，對別人所做的事情，到最後用句感謝的話來結尾，不但是種禮貌，也是做為一個社會人應該具備有的常識。

如果你認為對方是下屬，所以認為他幫忙你做事是應該的，那麼我相信，應該很快地就沒有人願意再幫忙你了。

對於別人幫忙的每件事，到最後都應該加一句 ③感激語 。

表達對別人的感謝或感激，還有下述的幾個方式：

「辛苦了。」

「謝謝你了！」

「這件事真是託你的福才能完成！」

「這件事每次都靠你才能完成！」

有沒有這樣的一句話，真的會有很大的差別。

對於在一起工作有愉快經驗的人，大家都會樂於伸出援手幫忙，而且也會搶著要幫忙。

「我不喜歡和他一起工作！」如果你這麼被人家認為的話，即使你開口請別人幫忙，別人有可能一句「我現在很忙」，就拒絕你的請求，而且之後可能就沒有人願意靠近你了。

更糟的是，其實你和下屬或是後輩之間的互動，主管以及周圍的同事也都在看。他們會依照你是否能夠善用下屬或後輩來完成自己的工作，來做為評價你的依據。

但是，我倒不認為需要太過於在意下屬或後輩的心情，只要在相處上不要忘了顧慮他們到他的心情就好。

這樣的事，其實在拜託外面的人幫忙自己做事時，也是同樣的道理。

假設對方是外包的下游廠商，也許你會認為他們幫自己做事是理所當然。但是，也請你把他們當成是工作上的夥伴，在相處上別忘了尊重對方。

事實上，往往也會因為有沒有這麼一句感激的話，多少影響了對方在幫自己處理事情結果呈現上。

▌拜託外部人員協助時 ▌

————

要拜託別人幫忙自己的工作，有時候不限定是在公司內部的人。

也因為有這些外部的人幫忙，才有辦法提高公司的績效與成果。

而且，通常所謂外部的協助者，指的就是一些專業人員。這的確也是如此，也只有在社內無法解決的問題，才會委外請相關業者處理。

也就是說，如果沒有他們的協助，公司本身就沒有辦法非常順利地運轉。照理說，他們應該就像是自己公司的夥伴，關係是對等的。

但是，一旦我們稱他們叫「外包廠商」，聽起來就像他們是賺自己公司錢的人，比較容易用以上對下的眼光看他們。

讓我們來看下面這個例子：

　　（在星期五的時候）

高橋：「這個，星期一之前要做好。」

廠商：「好⋯⋯」（那不就是叫我星期六加班趕工嗎？）

高橋：「成品要又快又好又便宜啊！」

廠商：「好⋯⋯」（你這不是又在為難我嗎？）

如此完全不在乎別人的狀況，只想到自己。高橋之所以會這樣説，在內心深處也許會覺得「是我給你們工作，你們才有辦法生存下去」。

當然，接受訂單的一方也是會盡可能的努力，把成品趕工做出來。但是在內心深處一定也是這麼想的，「這個客人雖然很討人厭，但是為了錢的份上還是忍耐吧！」

如此，彼此之間的關係出現嫌隙，這種商務之間的關係是不健全的。

為了讓外部的人員也能夠很開心地接下自家的訂單，在下訂的同時別忘了多加一句話吧！

「百忙之中不好意思。我有件工作想請你們幫

忙……」

「我有件工作想請你們幫忙，請教一下你們什麼
時間比較有空？」

「真的很不好意思，有個急單不曉得能不能拜託
你們呢？」②關心問候

如何？如果你多加一句話，即使是再怎麼急的案件，
我相信對方即使接下工作也不會那麼不情願。

而且，工作的品質也會有所變化。

我在設計業界其實待了近十年，所以我知道，讓你討
厭的客戶跟一個你想要好好幫忙設計的客戶，這兩者
做出來的作品絕對不一樣。當然，為後者所做的作品
品質真的比較好。

因為後者客戶讓自己是很心甘情願地做事，而且做得
很開心，所以結果不但品質很好，客戶也會很滿意。

當然，同樣都是從客戶那裡收錢做生意，品質有所差
別其實並不是好事。但是，做事的心情在某方面發生
效用，導致做出來的作品的品質會有所不同。

因此，當你要委外拜託他人做事情時，請各位多少要顧慮一下對方的心情！

如果要再加強一下的話，也可以在點收交貨時，再來這麼一句話：

「這次你們也做得很好！在我們公司的評價很高呢！」

「果然還是拜託○○先生最好！真是太感謝你了！」

「託您的福，才能讓我們那麼順利出貨。我們的客戶也非常開心呢！」③感激語

再加上這麼一聲，即使是外包的廠商，他們也都會願意為你效勞。

站在協助者的立場來看，其實最開心的就是自己所做的事情受到他人的認同。這麼一句話，在工作上的辛苦，以及無法對外說出口的不滿等等，都會一下子煙消雲散了。然後，對於這個會感謝以及了解他們辛勞的人，更多了一分信任感。

如此一來，別說是對方的做事品質會提高，失敗率也

會降低。

就加一句話。你要做的也只有多說一句話。這個就表現出你對他人的「體貼」。

而且你的主管也都在遠處看著你與他人的相處，懂得為他人著想的人，在主管心中的評價也會跟著水漲船高吧！

另外我們在委託外包人員工作時經常使用電子郵件。

此時，如果你在郵件的開頭使用像下述的句子，我相信對方也會很盡力的為你服務：

> 「貴公司的商品上次大獲好評，這次也要請您多多幫忙！」

> 「我知道您很忙，但是還是希望能請您幫忙。」

> 「最後的這個部份是非常重要的部份，除了您之外沒有任何人能幫得上忙，雖然知道您很忙，還是希望您可以幫助我們。」②關心問候 ⑥稱讚語

即使是用電子郵件溝通，只需要用一句話，之後的工作就會變得比較順利。還請各位可以試著實踐看看！

chapter|05

打招呼的好機會
このタイミングが「声がけ」のチャンス

在上班的路上遇到同事
記得「早安」＋「寒暄」

在外工作，會有很多人與人之間相遇的情況。在這些
情況中，有些場合很容易跟人打招呼，而且會讓打招
呼發揮效果。

接下來，我就從路上遇見同事的場景開始，來跟大家介紹如何「打招呼」。

一般就日本來說，有很多人都是搭電車到公司上班，在離公司最近的那個車站下車後，再徒步走向公司。

在你上班的路上，發現自己的同事走在自己的前面。以往都是很沉默地跟著他後面走，但是你今天則選擇鼓起勇氣與前方的人打招呼。

　　自己：「早安！」

　　同事：「哦！早啊！」 ①日常問候

此時加快自己的腳步，走到對方身邊打了聲招呼。

當對方聽見聲音時，也許會覺得有些吃驚，但是對於別人的問候，自然會很開心的回應。而因為平常自己很少會開口打招呼，所以對方會如此吃驚也是理所當然的。

但是，在這個時候你已經通過了第一道關卡了。向一個平常都沒有什麼往來的同事，鼓起勇氣跟他打招呼，其實已經算是跨出很大一步。之前也有跟各位提過，

「0」與「1」的差別是很大的，光是從「0」這個狀態
跨出來，就是個很大的進步。

接下來，該怎麼辦呢？

當然，你們就這樣沉默地並肩而行也無所謂。保持沉
默一會兒，也許對方也會主動開口跟你說話。所以，
就這麼靜靜的行走是沒問題的，有許多平時感情不錯
的人偶爾也是這樣。

不過，比較理想的狀態是在「早安」之後，可以再多
加一句話。

尤其若是當場會不知道該怎麼接話的人，其實可以在
心裡先想好之後再開口。例如：

· **比平常還早的狀況**

　　「你今天比較早哦！」 ⑤ 發現與觀察

· **比平常還晚的狀況**

　　「你今天感覺比較悠閒哦！」 ⑤ 發現與觀察
（不說「今天比較晚哦！」）

大概只需要說到這種程度就夠了，並不需要什麼太引人注意或是要聽起來很有趣的話。只要向對方表達出「我很親切的，我想和跟你對話」，這樣就夠了。

其他還有像是：

・ **天候或氣溫**

「好熱哦！」

「好冷哦！」

「下雨了！」

・ **彼此有一起合作的案件**

「今天有要趕快處理的工作嗎？」

「之前提的案件，目前的狀況如何？」

・ **其他**

「哇，你走路好快哦！」

「你平常都是這個時間上班嗎？」

只要習慣之後，就可以針對不同的對象提出不同的話

題，試著用這些方式，開口打招呼吧！

相反的，「今天狀況如何？」或是「你今天看起來很沒有精神」之類的話，會讓對方不曉得該怎麼反應的話，儘可能少說為妙。

其實我們的目的不在於一定要跟他人的關係變得有多好，而是只要你有抓對重點跟別人打聲招呼，之後在工作上的合作就會變得比較順利。

早上的這一聲，請各位一定要記得啊！

▎早上到公司的第一聲招呼 ▎

不管做什麼事，「起頭」都是最關鍵的。跑業務也是這樣，開頭如果很順利的話，基本上之後的結果也都會一帆風順。但是如果一開始就出師不利的話，通常結果也不會太好。極端一點地說，其實你只要做好了開頭，之後就沒什麼太大的問題了。

俗話說「一日之計在於晨」，每天早晨也是一樣的。如果我早上一起床，就被自己的老婆碎碎念，今天一

整天的心情就不會太好。

不管怎麼樣，還是希望自己一早的心情就是好的。

當然，工作上也是如此。

如果星期一早上就在會議上當眾被罵的話，你也會意志消沉吧！

別說是自己，包括旁邊的同事，大家都想要用好心情迎接每一天。

有鑑於此，我們再來回想並反省一下自己平常早上的行動吧！

請各位回想一下，當進到公司後，走到自己的座位之前，這段路上你做了些什麼？

該不會就像下面所形容的那樣呢？

早上進到公司，打開辦公室的門——「早安。」

這樣小聲地打了招呼。頭低低的，不像是在跟誰說話，當然也沒有打算要正視誰，想當然爾，自然也不會有

人回應你。

第一件事當然是打卡。打卡後，也不理會旁人，用最短的距離以及最快的速度走向自己的座位。在此時如果遇到了什麼人，就只是輕輕點頭致意後快速通過。坐在自己的座位上後，馬上打開電腦電源，直到此時也不曾說過一句話。而這時候差不多到了公司規定的上班時間，接著只想趕快進入工作。

這個也許是個很極端的例子，但是不能否認有這樣的人。

過去的我其實就是這種人。盡可能避免與他人四眼相交，早上默默地出現在公司後，直到中午才被人發現自己的存在，經常被說「咦？你在哦！」。

整體來說就是，早上進到公司後會感到無所適從，不知道自己該說些什麼，該做些什麼。所以我很討厭早上到公司之後，看到一群人圍在一起閒聊，從我小時候開始上學之後，就有類似的討厭回憶。因此，我總是快要到上班時間才會進到公司。

但是，某一天我特別提早到公司。那時候，我觀察到一件事。

有個平常個性非常樂觀開朗的人，他進公司之後會跟每個人都打招呼。

「早安！部長，你今天也很早啊！」

「早啊，你還是那麼有精神！」

①日常問候　②關心問候　⑤發現與觀察　⑥稱讚語

不論經過身邊的是自己主管還是工讀生，他都一一打招呼。

而且，他不會直接走向他的座位，他都是往有人的地方去，在辦公室內遊走。當然，他也走到我的身邊跟我說：「哦！你今天比較早哦！」如此，拍一下我的肩膀後就離開了。

我發現，先不管說話的內容是什麼，總而言之，他對每個人都打了聲招呼。

也許他自己並沒有意識到自己平常就是這樣在跟別人接觸。然而，我認為這就是他人緣很好的秘訣。

而且，我不得不說一句。**當他對我說「哦！你今天比較早哦！」的時候，我真的覺得好開心。同時，我整**

個覺得他非常地親切，感覺他是個很容易親近的存在，也是個很好開口的對象。

而他所做的事情，其實也就只是正面對人，平均一人花 3 秒鐘的時間打聲招呼而已。但讓人驚訝的是，我確實感受到它所出現的強大效果。

各位覺得如何？其實該做的事只有這樣而已，難道各位會做不到嗎？

所以，早上到公司時就先試試看跟大家都打聲招呼吧！

只需要「早安」一句就夠了。如果不敢，就先對一個人講，接下來再慢慢增加到兩個人、三個人……也可以。

總而言之，從一早開始就要有與他人接觸的心理準備，試著跟每個人打招呼吧！

█ 出去吃午餐時的一句話 █

在學校，只要午餐的鐘聲一響，就是大家一起吃午餐的時間。在公司，有時候並沒有這麼強制的規定，一般來說就是 12 點到下午 1 點之間，大家可以自由利用時間去用餐。

照理說這應該是很輕鬆的時刻，但對我來說，午餐時間並不是那麼令人快樂。

因為，我一直很煩惱一件事，那就是到底什麼時間才是出去吃飯的時間。

「快要十二點了，現在出去會不會太早啊？」

「已經過十二點了，還沒有人要站起來出去用餐，怎麼辦？」

「我要自己一個人去吃嗎？還是要約人家去吃？還是應該等人家來約？真是煩惱啊！」

有時候，還會有下面這種困擾。

「每天都是和同一群人去吃飯，偶爾我也想要自己一個人去吃。」

「今天沒什麼食慾，但是人家都約了，不去不行……」

我的個性本來就不擅長與大家一起行動，而且吃頓飯要在意東在意西，實在是很累人。再加上，在決定要吃什麼的時候，我也不會堅持自己想要吃的，都是配合大家的意見決定。

「點太貴的東西吃，大家會不會覺得很奇怪啊？」

「我想要吃這個，但是如果出菜的時間太晚，會不會造成大家的困擾啊？」

由於在心裡不斷地在思考這些問題，本來是開心的吃飯時間，也變得不開心。午餐時間應該是要放輕鬆的時間，卻一直不斷地在煩惱這些問題，反而讓自己的心情更加緊張。這樣實在不是件好事！

而且像我這樣的人，其實也會讓身邊的人分不清楚該怎麼辦才好。

「大家要去吃飯，要不要約他一起去啊？」

「如果太勉強他的話，對他好像不太好意思。」等等，雖然沒有説出口，但是搞不好在心裡都是這麼想。

這麼一來，你在大家的心中就變成一個「很難搞」的代表了。

因此，我們從自己與他人的角度來看，來想想在午餐時間該怎麼開口吧。

① 「我要去吃飯囉！」 ④報告‧連絡‧商量

　　十二點準點一到從座位站起來，説這麼一句話，代表你要去吃飯了。特別是你想一個人去吃飯的時候，這句話最好用。

② 「你中午要怎麼辦？」 ②關心問候

　　還沒有習慣職場，或是和同事還沒有那麼親近時，可以問身旁同事的一句話。

③ 「中午要一起去吃嗎？」 ②關心問候

如果自己跟對方不熟，也就是比第②種狀況還更不親近的人，就使用半邀約的方式開口詢問吧。

④ 「我要先用午餐了」 ②關心問候 ④報告・連絡・商量

如果自己是帶便當的話，那麼向周圍的人説完之後，就可以先開動了。

⑤ 「我要先去買飯了！」 ④報告・連絡・商量

這是你想到外面去買便當回來座位吃時，對大家說的一句話，如果再加上一句：「有需要我幫忙買什麼嗎？」 ②關心問候 與周遭的人之間，關係會更密切。

也許顧忌到周遭同事的感受是很重要的一件事，但是最重要的還是自己可否享受這短暫的午休時間。再怎麼説，那都是自己的休息時間啊！

所以，如果想要自己一個人去吃飯，為了讓自己能夠更順利地離席，別忘了記得跟大家打聲招呼再出去哦！

▌ 要下班前的預告 ▌

跟中午要出去吃飯一樣，要找下班的時間點一樣也很
難掌握。一般的人到了下班時間，通常不會那麼快就
收拾，會先看一下周圍的狀況，才會開始準備收拾下
班。

如果太早回家的話，不但會有罪惡感，也會有點在意
自己主管的目光。照理來說，只要是下班時間一到，
就代表可以下班，但在日系企業工作，實在是很難做
到可以準時下班。

這樣令人煩惱的事不只會在公司裡出現，像是體育競
賽等等之類的團體活動，也有同樣的困擾。在團體活
動結束後，先行離開回家的時間也很難掌握。

你要一個人回家嗎？還是要跟誰一起回家？接下來有
要到哪裡去嗎？要去喝一杯再回家嗎？今天其實很想
早點回家，但是如果被邀請了怎麼辦？等等。

如果可以更順利地回家，那該有多好！

我在前公司上班時，到了下班時間，總是會假裝自己

還在忙，然後一邊仔細觀察周遭的狀況，避免自己第一個下班的尷尬。所以，我會一直等到有人離開，我才會跟著離開。

要離開的時候，我也是默默地從座位站起來，開口説聲：「我先走了！」後，頭也不回地就往門口邁進。而出公司門後，自己老是會感到有點不太好意思。

後來，我一直在思考，有沒有讓自己可以更順利下班的方法。結果其實是有的，那就是先開口「**預告**」一聲。

如果你突然説一句：「我要先走了！」接著就下班的話，萬一主管還有事情要交代，也不好意思再跟你説些什麼了，所以這樣的説法其實太過直接。而「預告」指的就是，當你説出：「我要先走了！」之前，再穿插入的一句話。

例如，要下班之前先跟主管説一聲：

　　「我今天可能要準時下班，可以嗎？」　②關心問候
④報告・連絡・商量

大家覺得如何呢？多了這一句話，就會讓主管少了一

個「這傢伙怎麼突然就這樣要給我回去了！」的反應。所以，靠近下班時間，還沒有準備收拾回家之前，先打聲招呼吧！當然，當你真的離開的時候，也別忘了說一句「我要先走了！」

其他還有些說法。如果自己不趕，不用早回去也沒關係的時候，你也可以這麼說：

> 「有沒有其他要做的事？如果沒有的話，我今天想要先回去了。」

> 「還有沒有什麼需要我幫忙的地方？」 ②關心問候

跟周圍的人打聲招呼後再回家吧！

不管如何，卜班之前跟大家打聲招呼，就可以很光明正大的走出公司大門了。請各位一定要試試看！

能夠順利下班的一句話

「我今天可能要準時下班，可以嗎？」
「有沒有其他要做的事？」
「還有沒有什麼需要我幫忙的地方？」
「如果沒有的話，我今天想要先回去了。」

▌ 在走廊相遇時，臨場反應的話語 ▐

不管遇到任何事，若一個人可以在短時間迅速做出得體的反應，我可以說，這個人做什麼事都不會太辛苦。

患有人前恐懼症的我，對於任何臨時發生的事，我總是無法適當地做出反應。

如果遇到急事，我就會非常地慌張，而且如果發現有人看到我那副慌張的模樣，我的臉還會忍不住漲紅。

相對的，有一種人是即使在業務早會上突然被點名，卻也一點都不慌張，還能夠在話中帶點幽默，逗得大家哈哈大笑。對於那種能夠在短時間反應，非常具有臨機應變能力的人，實在是非常令我羨慕。

所以像我這種內向的人，公司走廊是個讓我很緊張的地方。如果是不認識的人，擦身而過也沒有什麼問題，但是如果對方是我認識的人，我反而覺得棘手。

上完廁所，一邊擦手一邊要走回座位時，如果走廊迎面而來的是自己認識的人，我就會開始覺得緊張。「是

不是該說些什麼？」但是臨時又想不出什麼話可以講。

如果對方是同一間辦公室的同事，至少還想得到共同的話題。但是，如果是不同部門的同事或主管，當擦身而過的那一瞬，還真的不知道該說些什麼。

到最後，我給我自己的解決方式是自己稍微遠離對方，輕輕的低頭並快速通過對方身邊，感覺就像不認識對方一樣。當然，對方對我也不會留下什麼好印象。

即使自己心裡很清楚，但是卻老是沒有辦法克服這個毛病。

當然自從我離開公司之後，就不會再發生這樣的問題了。只是，偶爾會有類似的情形出現。

有時有親友來參加講座時，會有偶遇的情況。當我要去廁所的路上偶爾也會遇到熟悉的人。此時我就會這麼做：

當在走廊上，我認識的朋友迎面而來，我會放慢腳步，慢慢靠近他。

　　我 ：「啊！你好，好久不見。」　①日常問候

　　朋友 ：「啊！你好，真的好久不見了。」

兩人互相對視，並稍稍停下腳步。

　　朋友 ：「一年沒見了吧！」

　　我 ：「是啊！上次見面應該是去年的講座。」

就這樣，稍微停下來對話。

這裡的重點是，當你發現對方時，要慢慢地靠近對方，發出一種「我們打個招呼吧！」的訊號給對方。

過去的我，為了要躲避對方，都是迅速地與對方擦身而過。所以對方也不會想要跟我打招呼。

接下來，就要保留對方可以回應你的時間。

在打招呼後，如果停頓 1～2 秒，對方也比較有時間可以回應。之後，你就針對對方的回應再做回答就好。

但是，如果對方沒有再說下去，你只需要點個頭說一

句「先走了！」，再離開原地即可。雙方都不會留下什麼不好的印象。

在公司遇到認識的人，也可以用同樣的方式對應就好。

稍微放慢自己走路的速度，

「啊！辛苦了！」 ①日常問候 ②關心問候

面對那個人向他打聲招呼吧！如果我們主動打招呼的話，對方也會接受的。如果兩人之間突然沉默下來，大不了就笑一笑，說句「那麼，我先走了！」再離開就好。

如果沒有什麼要說的話，也沒有必要把氣氛搞得很HIGH。

要給別人留下好印象，其實就只需要打聲招呼而已。

不需要臨時講些什麼，更不需要緊張。

如果你都沒有試過，那麼請你一定要試試看這個方法。效果會超乎你的想像！

▋ 在安靜的電梯裡，怎麼辦？ ▋

————

在公司裡，也分成兩種地方。一種是覺得舒服的地方，
另一種是不太舒服的地方。

自己的座位就算是舒服的地方嗎？那也不一定。凡是
人都會有想獨處的地方，或者會有想鬆口氣、可以確
認私人手機簡訊的地方等等，每個人都不太一樣。

在公司的很多地方之中，「電梯」其實是個讓我覺得
很不舒服的地方。

當電梯裡只有自己一個人的時候，很怕有誰會進來；
要不然就是自己進電梯時，很怕遇到主管在裡面之類
的。總之是個讓人有點緊張，且無法放鬆的地方。

如果在電梯裡突然遇到認識的人，該怎麼辦呢？

這是個隨時要保持隨機應變的場合，還是個密室，
周圍都沒有聲音，說不定連雙方的呼吸聲都聽得
見。

再加上你又不知道對方要在幾樓出電梯。也就是說若

跟對方搭話，也有可能話題突然會被中斷。如果是在走廊上相遇，有事要談可以站著繼續談就好，但是電梯可能沒有辦法這樣。

好不容易可以對話，如果雙方有人要先出去的話，對話到一半被切斷，感覺反而不太好。

那麼，應該怎麼辦才好呢？

從結論開始說好了——什麼都不用說。

「咦？」我好像可以聽到各位疑惑的聲音。但是，答案就是這樣，在電梯裡什麼都不用說。

如果什麼都不用說的話，那幹嘛還要在這裡提到這件事？原因就是有些人會認為應該要說些什麼，所以在電梯裡窮緊張。而且說實在的，這種人還真不少。

過去的我就是那種人，所以他們的心情我懂。如果有誰和我搭同一班電梯，我就會認為「要趕快說些什麼！」然後，自己就會一直猛瞧別人，反而會讓別人投以異樣的眼光在自己身上。

剛剛我也提到，不僅在電梯裡的對話被強迫中斷的可

能性很高，再加上搭電梯的人也不一定只有兩個人，所以**像這種場所**，本來就不是那種**可以大聲談笑**，或是**談論公事細節的地方**。

因此在電梯裡遇到認識的人，只需要一句：

　　「辛苦了！」　①日常問候　②關心問候

就可以保持沉默了，這同時也是一種禮貌。

在電梯裡，話不需要說太多，也不要丟一個很長的話題給別人，那對對方來說是種麻煩，所以保持沉默是最好的方式。

另外，如果有很多人在等電梯時，自己的輩份或位階是在下面的話，記得別忘了應該說話與行動要有禮貌。

在普通的房間內，基本上客戶或是位階高的人要先請他們進入，但是搭電梯時則是相反的。晚輩要首先先進去按住電梯。

等到確認大家都安全的進入電梯時（當然，此時你要一直都按著「開」這個按鍵），然後再一一向他們確認要到的樓層。

接下來，你就只需要一直面向前面就可以了。如果後面的人有向你問話，你再適當地做回應，不然的話，什麼話都不用說。

如果對方先下電梯，可以問候一句「您慢走」。如果是自己先出電梯的話，也只要說一句「我先走了」，輕輕點個頭就可以出去了。

即使不用說什麼話，只要在電梯裡的行為夠得體，也可以給人「喔！這個人很有禮貌哦！」的感覺。

在電梯裡，就光明正大的保持沉默吧！

chapter|06

提高自身評價的
打招呼重點

さらに評価を上げる「ひと声」ポイント

▌打招呼之後的反應更重要 ▌

我平常不太喜歡講話,但偶爾會被自己嚇到,因為發現自己也有侃侃而談的時候。正確來說,不是自己主動談,而是被人引導之後不自覺地說出一堆話。

常常在接受雜誌等採訪的時候，有時沒有被問到的話題，自己也不自覺地說出來，原因在於採訪者的回應。

採訪者：「關於○○○事情您怎麼認為？」

自己：「關於○○○我是基於×××這麼認為。」

採訪者：「啊！真的嗎！那為什麼您會這麼認為呢？」（略為誇張的驚訝表情）

自己：「那是因為△△△。」

採訪者．「哦！原來如此！您真的非常的敏銳啊！」（覺得很厲害的表情）

自己：「其實，還有這件事也……」

就像這樣，對於我說的每句話，對方都會很仔細地回應 ②關心問候 ⑥稱讚語 。而且，也會讓我自己覺得，我說的內容好像真的很厲害（但其實也沒什麼），讓我願意再一直開口講下去。如此一來，變成我這個也想講，那個也想講，自己也就自顧自的講起來了。

即使你是個口拙的人，如果對方是個願意仔細聆聽，而且對於你所說的話有所反應的人，我相信你也會自

然而然的一直講下去。是的，對方願意做出反應這件事，實在是件很讓人開心的事。

在此，也請你想想自己平常對於別人説的話，自己所做的反應。

你對於別人的意見，你有仔細的做回應嗎？

當自己在詢問對方時，針對對方的回覆，你是否有好好的回應（或反應）呢？

　　你：「不好意思，關於這件事，能不能告訴我呢？」

　　對方：「這個是○○喔。」

　　你：「不好意思，那可不可以也告訴我這個？」

　　對方：「啊，那個是××。」

　　你：「那如果是這個呢？」

　　對方：「⋯⋯」（漸漸地已經不想回答你的問題）

如何？好不容易回答了你的問題，你卻沒有什麼反應，

回答完之後反而感覺有點空虛，到最後，對方也不太想要再回答你的問題了。

不只是對話沒有辦法繼續下去，對方對你的印象也會變差，所以這樣下去是不行的。

那麼，如果把剛剛的對話，再加入一些反應會變得如何呢？

你：「不好意思打擾你了，關於這件事，能不能告訴我呢？」

對方：「這個是○○喔。」

你：「啊！原來是這樣啊！那可不可以也告訴我這個？」

對方：「啊，那個是××。」

你：「謝謝你。哇！你真的懂得好多哦！那麼，如果是這個呢？」②關心問候　⑤發現與觀察　⑥稱讚語

對方：「那個嗎？讓我詳細跟你說明一下……」（願意繼續回答你的問題）

其實不需要太過誇張的反應，針對對方的回答適時地
做出反應，對方就會很開心的回答了。

所謂相談甚歡，其實指的並不一定是講什麼有趣的話
題才行。而是讓對方願意敞開心房，愉快地與自己對
話，即使你只是聽對方講話，氣氛也可以很愉快。**重
點就是，跟你講話，對方會很開心，那你就成功了！**

所以，別忘了隨時要意識到，針對對方的回覆要適時
的做出反應！

打招呼之後的反應也很重要

「不好意思打擾你了，關於這件事，能不能告訴我呢？」
「這個是△△！」
「啊！原來是這樣啊！那可不可以也告訴我這個？」
「啊，那個是□□。」
「謝謝你。哇！你真的懂得好多哦！」

▌ 為什麼好好的對話會陷入沉默 ▌

本書所介紹的打招呼方式，並不只是單純的開口發出聲音而已。

不管是說什麼，如果沒有將話傳達給對方，那麼，就跟你自己在自言自語沒什麼兩樣。所以要隨時意識到對方的存在是很重要的。

如果可以這麼做，對方對你的印象就會變好、可以化解雙方的誤會、可以拉近彼此的距離……到最後這些效果都可以達成。

我過去常有這樣的經驗，有時候跟某些人在一起，就會很自然地變得沉默。而那個時候的自己心裡一直不斷地在想：「是不是應該要說些什麼……有沒有什麼話題啊！」而且，還會努力回想過去的一些事情，或是看到電視覺得很有趣的畫面等等，想到什麼就說什麼，自己一直不斷地講話。

（沉默一會兒以後）

　　自己：「……話說，你有看昨天的足球賽嗎？」

對方：「沒有耶。」

自己：「是嗎，那是日本代表隊的比賽。」

對方：「是哦？那結果呢？」

自己：「喔，最後贏了。但是真的很驚險，他們是
在最後的延長賽（Loss Time）把球踢進去的……
看得我心驚膽跳！」

對方：「贏了嗎？太好了。」

自己：「嗯……」（對方好像對足球沒什麼興趣）

（再度沉默）

好不容易想出一個話題，說不到幾句就陷入沉默。總
是想要說些什麼，心裡感到焦急，但是卻什麼話題都
開啟不了。

當時的我，總覺得是因為自己的說話方式很無趣，無
法把氣氛帶起來，才會變得沉默。但是，這其實是個
很大的誤會。

讓我們再回到剛剛那個例子。乍看之下，好像是開啟

了一個話題，要和對方有所對話，並且事實上雙方也有互相交談。

不過，那只是表面上的對話，雙方在心靈上是否有互動呢？答案是否定的，很明顯地只有我一味地向對方傳達自己要說的話。即使再怎麼有趣的話題，如果只是單方面，而不是雙方面的互動，也會馬上變得無趣，接下來就變得沉默了。

另外，即使對話沒有陷入沉默，也不代表對話都是快樂的。

例如，和朋友一起坐新幹線，為了要炒熱氣氛，朋友不斷地開啟新話題。自己只是在旁邊一邊聽一邊笑而已。因為即使自己不說話，對方也會一直說話，所以完全沒有陷入沉默的問題。

雖然這看起來好像很輕鬆……但是，一直在聽對方說話，其實也是很累的一件事。話題之間也有自己完全都沒有興趣的事，而且有時候話題變化太快，完全沒有辦法跟上，再加上長時間一直持續這樣的狀態，不管是誰也是會精疲力盡的。雖然好像可以聽到很多的知識，但是卻沒有辦法放輕鬆。

那麼，應該怎麼辦才好呢？

為了不讓氣氛陷入沉默，而且又能夠照顧到對方的心情，重點並不是自己一直不斷地講，而是要想辦法讓對方說話，才是最好的方法。

而且，在提供話題的時候，不要只提自己知道的事，要著重在對方有興趣的話題上，也就是針對對方有興趣的話題做談論。

會沉默的唯一一個理由就是，你自認為自己一定要講話的時候。

▌ 尋找能讓對方敞開心房的話題 ▌

剛剛也有跟大家提過，即使自己想要開啟一個話題與對方對談，但是往往不是那麼容易。過去的我其實也是一樣，不太會說話的人，其實會陷入自己一定要講話的迷思當中。

會談話並不代表很會講話。即使不太會講話，也是可以變成很會與他人對話的人。

而且，隨著對話的進行，對方便會漸漸敞開心胸與你對談，而且愈談愈開心，對我們來說也是好事。

我總是一直在思考，要如何能夠順利地與他人閒聊。

在我專門的業務領域，其實「閒聊」這個行為扮演一個極為重要的角色。講得極端一點，如果剛開始的閒聊很順利的話，那麼之後即使犯了一些錯誤，最後孕育出好結果的可能性依然很高。即使知道這一點，但是我還是不太會與人閒聊。

對於這個問題，我的解決方式是，不是在當下想到什麼說什麼，而是事前先準備一些話題。

當然，剛開始也許根本無法進行對話，馬上就陷入沉默。

那麼，讓客戶願意開口跟我講話的話題是什麼？

透過我在實際的場合實驗幾次之後，我發現了一個法則。

那就是「**離對方愈近距離的話題，愈能建立交談。**」

例如，從對方的公司來看，距離 100 公尺遠的拉麵店
以及 10 公尺遠的小餐廳比起來，選擇 10 公尺遠的小
間餐廳來當話題會比較好。若是還有一間 3 公尺遠的
蛋糕店，那麼 3 公尺的蛋糕店拿來當話題更好。因為，
愈接近，表示對方知道的可能性愈大，愈有可能針對
他所知道的事情與你分享。

這種尋找話題的方式，對我來說是一種非常有效率的
方式。

所以，我也不太需要胡思亂想些話題，只要在去對方
公司之前，仔細觀察有哪些店可以拿來當成話題，這
樣就足夠了。例如：

「我來貴公司的路上，有發現一間擺滿古董超級
跑車（Supercar）的店。」⑤發現與觀察

「啊，對啊。我也很喜歡。有時候會在駐足在那
家店前面，仔細地看每一輛車。」

「咦？您該不會也是迷超跑那個年代的人吧？」
⑤發現與觀察

「是啊。我家裡有很多的超跑模型車呢！」

「真厲害！」 ⑤發現與觀察 ⑥稱讚語

「希望有一天能夠開著保時捷到處跑，但是，夢想還很遙遠啊！」

「的確是很令人嚮往啊！」 ⑤發現與觀察

大概類似這樣的感覺。當然，這也許是因為剛好對方喜歡超級跑車。不過，也因為這間店就在公司的附近，所以對方應該也清楚才是。如果是對方所知道的話題，對方會願意與自己展開對話的機率就很高。

而且，還有一個好處。

對方愈是說話，臉色就會愈柔和。當業務一開始到客戶那裡時，大家都會認為你是來「賣東西」的，所以大部份的人都會用比較警戒的態度來對你。當他們對你充滿警戒時，生意應該連談都不用談了。

但是，如果在此時試著與對方閒聊，對方說得愈多，心裡對你的警戒就愈少。

這麼一來，要談業務也容易多了。

其實，這個方式不只可以用在客戶身上，用在平常的人際關係上也很好用。

例如，用在與主管之間的閒聊上，或是與平常沒有太多互動的人之間的閒聊，也可以試試看。

其實，人在講話，以及發現有人願意聽自己講話的時候，心情也會特別好。

利用主管身邊的話題，試著與他們閒聊交談吧！

你只需要說句話開個頭，對方就會很愉悅地一直跟你說話了！

▍ 間接誇獎有加分的效果 ▍

我小時候最討厭別人誇獎我，這真的沒有騙人。

因為得了人前恐懼症，我的臉很容易就會漲紅，只要有人稍微誇獎，我就會面紅耳赤。說實在的，我真的很不喜歡這種感覺。

特別是對方如果是當面誇獎我，我根本不知道該如何反應，只想要逃離現場。

也因為自己自身的經驗，所以我也不太擅長誇獎別人。即使很想誇獎別人，也不知道該如何說出口。也因為如此，似乎被周圍的人認為我是個很冷淡的人。

不過話說回來，本來日本人就不太會當面誇獎別人，也不太喜歡正面感謝別人。有時候一誇獎別人，自己還會覺得很不好意思。

所以，比起直接誇獎，我更推薦使用間接誇獎的方式來稱讚他人。

　　「A 先生總是很認真！」

　　「A 先生總是讓人很安心，可以把事情託付給他！」②關心問候　⑤發現與觀察　⑥稱讚語

把上述的內容告訴 A 先生的好朋友。如此一來，當那位好朋友把話傳到 A 先生耳中時，會心想「原來他在心中是這麼誇獎我的！」應該會很開心。

平常，如果我們直接聽到別人的誇獎時，大部份人都

會認為是「客套話」。所以,如果你是用這種間接式的誇獎,大家會比較容易欣然接受。以結果而言,我們透過間接的方式能夠把我們的好感傳達給 A 先生。

> 「○○長官雖然平常很嚴格,但是做事情的態度很讓人尊敬。」 **⑥稱讚語**

利用類似這樣的話來誇獎主管,將這樣的話跟同事說,也許話還會傳到主管的耳裡。當然,聽到這些話的主管心裡不會不高興的,只是絕對不要使用在討主管歡心上,而是要發自內心真的這麼覺得,才可以用這種方式去誇獎主管。

特別是人不在現場時的時候,通常大家大部份都是講壞話比較多。

尤其是講到主管時,應該多少會忍不住說上一、兩句。

但是,如果你和大家一起講主管壞話,最後傳到主管的耳裡,那就是最糟的狀況了。而且這類的話,通常大家都會放大解釋。例如,你即使只有說一句「有點難相處⋯⋯」,也許傳到主管耳裡時已經變成「非常令人討厭!」了。這麼一來,場面就真的很難收拾了。

所以，在別人背後盡量別說壞話，而是反過來要在別人的背後多說一些誇獎他們的話！

的確，特別是在喝酒的場合，說一說自己主管的壞話，會讓整個場子都熱鬧起來，是人也都會很想要插上一腳，說上一句。

但是，如果你沒有和大家一起說，其實也向大家證明了一件事：自己其實不是一個表裡不一的人。

對於你自己說的「那句話」，會隨著你使用的方式，有可能是加分，也有可能是扣分。

跟著當下的氣氛隨波逐流，就忘我地開口批評。在開口前，記得先想像自己所說的話流傳到最後會有什麼後果，其實那也是身為一個優秀的社會人應該要思考的。

▌ 言語中透露出「羨慕」的話術 ▌

————

如果有人給你看他新買的手錶時，你會怎麼辦？

由於自己對手錶又不是很了解，根本不知道那隻手錶的價值到底在哪裡，於是乎，你的反應就是「嗯……你換手錶了哦……」很簡單地一句話帶過，之後就再也沒有其他的反應。

如果你是這種反應的人，說實在的，對方應該會對你感到很失望。

不過，對於自己不懂的事情，要怎麼去誇讚它，其實也是個問題。

我覺得，在這個時候，你只需要表現出很「羨慕」感覺就好。

「哇！真好！」 ②關心問候 ⑤發現與觀察
⑥稱讚語

「不能摸，這可是很貴的！」

「多少錢啊？」 ②關心問候

「大約十萬塊左右吧！」

「這麼貴哦！」 ②關心問候

「是啊！」

「哇……我也好想要哦！」 ②關心問候
⑤發現與觀察 ⑥稱讚語

「你看這東西不錯吧～」

大概就像這樣。對於對方所新買的東西，你只要說一句「我也好想要！」，對方其實就會感到滿足。另外，如果你不知道東西究竟是貴還是便宜，東西是好或是不好，那都無所謂。總而言之，你只要一句「我也好想要」，不會破壞對方的好心情，也可以很自然的做回應了。

另外，再教大家一個方式。那就是，可以請對方把東西「借你看看」。

這個也是我自己的經驗。某次我看到過去和我個性不太合的主管正在抽雪茄，我心想，機會來了。於是靠

近主管的身邊：

「咦？這不是雪茄嗎？」 ⑤發現與觀察

「是啊！」

「我還真的沒見過。能不能借我看一下呢？」

「好啊！」（感覺很開心）

「啊！感覺很沉，很紮實。」 ⑤發現與觀察

「這是當然啊，跟一般的香菸比起來是重了些。」

「嗯⋯⋯這香味，也不會讓人覺得不舒服。」
③感激語 ④報告・連絡・商量

「還不錯吧！我還有其他好貨哩！」

之後，主管就不斷地跟我聊雪茄的事，從頭到尾都非常地開心。

其實，當自己的喜好他人也表示出興趣的時候，是一件令人非常開心的事；同時，對於表示出興趣的那個

人也會產生好感。

而且，如果發現「興趣」與「喜好」相同的話，人跟人之間的距離也會更為拉近一步。

這個方法，對公司外部的人也可以使用，跑業務去拜訪客戶時，對於客戶身上持有的東西更進一步深入地去追問看看，也可以一口氣拉近與客戶之間的距離。

對於對方喜歡的東西或是有所堅持的東西，表現出「有興趣」，並向對方提問的話，會留給對方一個很好的印象哦！

▌ 在陳述自己的意見時，別忘了「那句話」 ▌

聽主管的指示，在一般商務社會中，是最基本的常識。但是，是否不論什麼事都得聽從主管的指示，那倒也不一定。如果你什麼都聽主管的指示，反而會被認為是「一個口令一個動作」。或許，各位的主管已經在背後這麼抱怨也說不定。

為了不讓自己變成是完全按照指示做事的人，此時學

會要如何適時地向主管表達自己的意見是很重要的。
要讓主管了解到，自己並不只是單純的照單全收，全
照主管的指令行動。而是在必要時，會陳述自己的意
見，讓你的主管認同你，認為你是「有在思考如何去
做事的人」。當然，逐漸地也會重視你的存在。

只是，如果沒有注意表達意見的方式，有可能只會被
當成是不接受指令，讓人厭煩的傢伙：

　　主管：「這個資料整理好，明天交給我。」

　　高橋：「但是，這個資料不是下禮拜才要用嗎？
　　有必要那麼趕嗎？」

　　主管：「你不用管那麼多，照我的命令做！」

手邊有更緊急的工作要處理，高橋只是想向主管表達
工作的優先順序。但是在溝通上有些不足的地方，反
而被主管訓了一頓。

這時如果改變一下說話方式，也許會不一樣。

　　主管：「這個資料整理好，明天交給我。」

　　高橋：「我明白了。」（首先答應主管的指示）

高橋：「只是，在我現在手邊正在處理要○○公司的說明資料，那個也是明天之前要處理。請問我該怎麼做比較好？」④報告‧連絡‧商量 （說明現況並請主管判斷）

主管：「是嗎？那好，這份資料可以晚一點無所謂。」

高橋：「我明白了。那麼，如果是後天交給您可以嗎？」 （確切決定提交的時間）

主管：「好，麻煩你了。」

對於對方的指示，如果在回應時加入「可是……」「但是……」的否定語，感覺就很像是想要直接反抗對方的指示。

因此，在當卜對於指示說一句「我明白了。」，有先接納對方指示的意思之後，再說明目前自己的狀況，以跟對方商量的角度來切入，就能夠比較圓滑的進行對話。如此一來，主管不但比較能夠將事情交付給高橋，高橋也能夠好好地處理事情。②關心問候 ④報告‧連絡‧商量

另外，如果要向主管表達意見，或是指出主管錯誤的

地方，也別忘了在開頭多加上這麼一句話。

- 要向主管表達意見時

  「不好意思，也許這麼說對您會有點失禮……」

  「這個也許是我多慮了……」

  「有件事情我一直很在意……」 ②關心問候
  ⑤發現與觀察

- 指出主管的錯誤

  「不好意思，也許是我聽錯了……」

  「可以向您確認一下嗎？這裡這個部份……」

  「不好意思，我確認了幾次，但這裡好像有點不太對……」
  ②關心問候 ④報告‧連絡‧商量 ⑤發現與觀察

比起直接說出自己的意見，或是指出對方的不是，像這樣在開頭先加入一句話，將自己的意見圓融地表達會比較好。

即使錯誤 100% 出在對方身上，但是直接指出錯誤，對你並不會帶來什麼好處，反而只會讓對方對自己產生反感而已。

如果你是用「也許是我自己的錯……」來當開頭，不但不會傷害到對方的立場以及自尊，事情也可以更圓滑地處理。②關心問候

而且，這種顧慮到別人的心思，言語之間也會傳達給對方知道。

所以，請各位務必要試試看！

不要總是說「我知道」 要適時地假裝「不知道」

認真念書再加上記憶力很好，對一個人來說是很大的優勢。但是「知道很多」這件事，有時候在溝通上卻是個阻礙。

請各位一起來看以下的例子：

部長：「那麼，這個方法由我來跟大家做個說明。」

高橋：「啊！我知道這個方法！」

部長：「喔。是嗎？那麼，我來跟不知道這個方法的人說明一下好了！」

本來興致勃勃想要表現一下的部長，被高橋說了這麼一句話，彷彿像是被澆了一盆冷水。

其他還有：

部長：「聽清楚囉，在處理這個事情的秘訣就是，一邊動手找資料，一邊說話。大家知道為什麼嗎？」

高橋：「我知道。就是即使不看著對方的眼睛，也可以很自然的說話。」

部長：「嗯……是，是啊！你什麼都知道啊！」

換句話說，高橋把精華的重點都說出來了，部長本來想要說的話被高橋搶先一步，失望的心情可想而知。

「知道」這件事，絕對不是什麼壞事。但是，有時候看狀況也要適時地裝作「不知道」。

再跟各位分享一件事，其實過去我跟高橋一樣，會直接地把自己知道的事情說出來。而且，還會非常自豪自己知道很多的知識。更重要的是，我一直覺得這麼做，一定會提高大家對我的評價，而這實在是太自我感覺良好了！

特別是身處於上位的人，很多的主管都認為教導下屬是自己的使命之一，就像是學生對老師一樣，在教導大家的時候，才可以感覺得到自己身處「上位」。換句話說，他們最能夠表現出自己是上位者的時機，也就是教導自己下屬的時候。

如果讓下屬剝奪這種良好的感覺，做主管的一定不會感到開心。而且，如果讓他覺得「我再也不想教這傢伙了！」的話，那麼以後你有什麼問題，你的主管也不會想理你。如此一來，只是加深你和主管之間的鴻溝而已。

教導與被教之間，其實可以建構出一個很強大的溝通關係。

因此，學會如何利用這樣的關係也是有必要的。

通常學識廣博的人，自尊心都相對比較強，比起要別人教，他們傾向於自己去找出答案。而且，對於他們所知道的事情，大多感到很自負。我自己其實也有一些莫名的自負感，不太喜歡人家來教我。但是，這一點對我來說其實是很吃虧的。

這樣的部下，對主管來說一點也都不可愛。

其實，你並不需要一定要裝成什麼都不知道，但是，**至少讓主管能夠愉快地把話說到最後，這是身為一個社會人應該要知所進退的地方。** ②關心問候

即使對方已經重覆過同樣的事，也不需要點出來，你只需要保持沉默再聽一次就好。

不說「我知道」背後的意義，其實跟其他「打招呼術」的意義是一樣的。

▌ 不說話也可以留下好印象 ▌

———

接下來，要跟各位介紹不出聲的打招呼術。

前幾天，我和朋友一起坐電車回家時所發生的事。

在電車裡，兩個人抓著手把站著聊了一會兒，到站時，朋友就要先下車了。當電車門開啟時，他只說一句「我先走了」就走了出去。而我，在當下不自覺地看著在人群之中朋友的背影。

沒想到，出電車後，要上樓走向剪票口時，朋友突然回過頭看向我，發現我還在看他。於是，他向我輕輕點個頭，我也向他輕輕點個頭。之後，他就上樓消失了身影。

其實就只有這樣的小動作，但光是這樣的小動作，就讓我的心覺得很溫暖。

從頭到尾，我都沒有想過要他跟我點頭致意。

我在想，可能是因為我們在電車上相談甚歡，電車到站後導致對話突然地中斷，對我來說，這段對話的結

尾有些美中不足。

我相信，我朋友也有相同的感受。因為，他在離開電車後，仍舊回過頭來看我，這就是證據。

從對方的立場來想，他說不定覺得，我也一直在目送他離開。如果對方在目送我離開，但是我卻忽視對方，那就太失禮了，所以，決定回頭確認一下。啊！果然在目送我！於是，輕輕點個頭致意。

可以想像，我的朋友應該是這麼在思考的。

本書介紹的「3 秒膠說話術」，基本上是針對特定的人打招呼，而且是以近距離的對話為前提。但是，剛剛在車站的例子是，當對方離自己較遠，或是無法用聲音傳達時，用點頭或手勢等無聲的行動來「打招呼」，其實也可以有相同的效果。這點，請各位不要忘記了！

①日常問候 ②關心問候

這就像是跟自己喜歡的人分開後，還會一直望著對方的背影是一樣的道理！

▎3 秒膠說話術 ── 踏出打招呼的第一步吧！▎

長年的習慣要馬上改變，其實是很不容易的一件事。
過去從來沒實行過的「3 秒膠說話術」，突然間要開始
做，我相信剛開始的時候心裡應該會有所抵抗吧！

但是，如果只是「坐而言」而沒有「起而行」，那就
有點太可惜了！

我在一些研修課程上，也都會強力推薦大家一定要在
日常生活中，試試看所謂的業務用話術或銷售模式。
也許有些人會對可行性等產生疑慮。但如果你只是一
直在想，卻沒有付諸行動，那不管過了多久，都不會
知道結果是什麼。

所以，**不管怎麼樣，先行動再說！那才是得知結果的
捷徑**。而且，往往都是做了以後，才出現超乎想像的
效果！

願意一直讀到最後的各位，相信對「打招呼」這件事，
應該有相當的認知。剩下的，就是如何去實踐而已了！

當然，剛開始一定需要勇氣。但如果你想要改變現狀，

卻不願意行動的話，最後一定是什麼都不會改變。而一旦你有所行動，我相信一定會有改變。

不管你是為了什麼，但拿起這本書，對你來説也是一個行動。是否要繼續下一個行動，取決在你自己。

請各位務必要試試看，從改變自己，進而創造出一個嶄新的自己。

3 秒膠說話術是為了「修補」一直以來不足的部份。最重要的，還是要保持原來的自己，自在地行動！

最後，期望這樣的方式能夠幫助各位，讓各位與身旁的人，工作能夠比以前更加順利，希望更多人能得到幸福！

很感謝大家閱讀到最後。

在最後，我們再來看看「前言」出現的高橋，他現在變得如何了。

「部長，我要到○○商社去拜訪了。」

向主管報告一聲後，在白板上詳細地寫上「○○商社→下午 3 點回公司」

旁邊的同事也很熱情地對高橋說了一聲「你加油啊！」，高橋則是心情愉悅地回答「沒問題！」部長也用很欣慰的眼神目送高橋離開。

高橋有著很明顯的轉變。

他改掉過去一些喜歡自作主張的習慣，重要的部分會向主管報告，而且也會記得在進行工作的同時，向主管報告工作的進度。

很特別的是，性格感覺好像改變了。雖然話不多的個性依舊，不過，與主管及周圍的同事都可以很輕易地和他談上兩句。

而且，過去給人一副不好親近的感覺，不知道為什麼，最近卻給人一種很容易就可以攀談的感覺。

而高橋的改變，感受最深的就屬他的長官。

「以前，想要把事情交給他做都會覺得有點擔心，到最後都只能派些雜事給他做。但是，最近的高橋好像

比較成熟了。」

自己的部下變得更讓人可以信賴時，作為主管的其實
也很開心。

下午三點，高橋回到公司。

「我回來了！」高橋精神奕奕地回到自己的座位，

「喔！你回來啦！」

「辛苦啦！」

「今天成果如何啊？」等等，身邊的同事一個一個出
聲。

面對大家的關心，高橋伸出大姆指，說了句「讚啦！」
之後緊跟著走到主管的座位前。

「部長，我回來了。」

「喔！辛苦啦！」

「關於○○商社的部份，我們跟他們談的案子，差不

多定案了，他們想要請我們報價。」

「喔！是嗎！那真是太好啦！」

「是啊！謝謝部長。另外，有件事想要跟您商量一下，之後可以借用您 30 分鐘的時間嗎？」

「好。那麼 4 點鐘借個會議室吧！」

「我明白了。如果沒有空的會議室，借用小房間可以嗎？」

「當然，交給你處理了。」

「那麼等一下要麻煩您了。」

看看高橋和部長之間的對話，感覺得出來在工作上的事，高橋已經處理地非常得心應手了。

部長在跟高橋談完之後，在心裡已經決定，要將之後的一個大型專案交給高橋處理。原本高橋就很有能力，讓人可以安心之後，什麼事情都想要交給他處理。如果這個大案子處理成功的話，那麼就打算在公司經營會議上，推薦他晉升為主任。

完全不清楚部長心思的高橋，仍然在自己的座位上準備開會所需要的資料。高橋臉上的表情，不知道為什麼就是特別地有精神。

究竟是什麼改變了高橋，沒有人知道。

突然間，高橋停下手邊的工作，從抽屜中拿出一本書。稍微翻了一下，看下書中的內容，輕輕點了頭後，又放回抽屜裡。

接著，就抱著資料走進會議室。

高橋從抽屜裡拿出來的那本書，我相信大家應該已經發現了，其實就是你正在看的這本書──《3秒膠說話術》。

UP 叢書 0161

3秒膠說話術──瞬間修補評價、拉近距離，提高你的職場能見度
あなたの評価をガラッと変える たった3秒の声がけ習慣

作　　者－渡瀬謙
譯　　者－吳偉華
主　　編－陳盈華
編　　輯－江惠馨
美術設計－陳郁汝
執行企劃－楊齡媛
董 事 長－
總 經 理－趙政岷
總 編 輯－余宜芳
副總編輯－丘美珍
出 版 者－時報文化出版企業股份有限公司
　　　　　10803臺北市和平西路三段二四〇號三樓
　　　　　發行專線－(〇二)二三〇六六八四二
　　　　　讀者服務專線－〇八〇〇二三一七〇五・(〇二)二三〇四七一〇三
　　　　　讀者服務傳真－(〇二)二三〇四六八五八
　　　　　郵撥－一九三四四七二四時報文化出版公司
　　　　　信箱－台北郵政七九～九九信箱
時報悅讀網－http://www.readingtimes.com.tw
法律顧問－理律法律事務所 陳長文律師、李念祖律師
印　　刷－勁達印刷有限公司
初版一刷－二〇一四年六月十三日
定　　價－新台幣二四〇元

⊙行政院新聞局局版北市業字第八〇號
版權所有　翻印必究
(缺頁或破損的書，請寄回更換)

國家圖書館出版品預行編目（CIP）資料

3秒膠說話術──瞬間修補評價、拉近距離, 提高你的職
場能見度 / 渡瀬謙著；吳偉華譯.
-- 初版. -- 臺北市：時報文化, 2014.6
　面；　公分　（UP叢書；161）
譯自：あなたの評価をガラッと変える　たった3秒の声が
け習慣
ISBN 978-957-13-5956-4（平裝）

1. 職場成功法 2. 人際關係

494.35　　　　　　　　　　　　　　　103007493

ISBN 978-957-13-5956-4
Printed in Taiwan